金商道

The positive thinker sees the invisible, feels the intangible,
and achieves the impossible.

惟正向思考者，能察於未見，感於無形，達於人所不能。 —— 佚名

O型
全通路時代
26個獲利模式

潘進丁——口述　王家英——整理

30 年零售流通產業智慧 ✕ 3,300 家店面實戰經驗
全家便利商店集團會長潘進丁深入解讀

11 種通路新商模　**26** 個企業強實例

以商品、定價、促銷在全通路時代與顧客對話，不只一種行銷模式

更接地氣，
典範企業個案的實務觀點

邱奕嘉 政大商學院副院長暨 EMBA 執行長

「零售業」一個看似簡單的產業，這幾年卻深受新興科技以及消費者生活型態轉變的影響，不斷的在經營模式進行創新與突圍。「轉型」與「創新」成為零售業經營最常見的頭痛關鍵字。

街頭巷尾廣佈的便利商店，是最具台灣特色的零售業。幾乎所有外國人來台灣，都對其密集度、產品多元的便利度，以及具有人情味的服務溫度，感到驚訝與讚賞。但也因其深入每個人的生活中，受到科技以及市場改變的衝擊也最大。

以規模來說，全家便利商店並非是市場龍頭，但也許因

此較無包袱，更能勇於創新，常領先業界推出許多熱銷產品，例如大人、小孩都愛的霜淇淋和烤番薯。

在數位串接上亦具代表性，它在 2016 年率先以 App 將點數虛擬化，會員數由零增長到 150 萬；再以咖啡預購綁定社群需求，會員數再從 150 萬躍升為 400 萬，之後不斷強化點數、線上支付與商品預購的整合，目前旗下 3 個 App 會員人數已達 900 萬，占台灣 1,600 萬主力消費人口的一半以上，線上會員經濟不僅突破便利商店以過路客為主的痛點，也成為全家推動數位變革的核心策略。

本書作者全家便利商店潘進丁會長，最早在國產汽車擔任企劃專員，隨著全家便利商店開設，從副總開始歷練，一路晉升至總經理、董事長兼執行長等職務。潘會長經營零售流通產業 30 餘年，長期收集企業個案資訊，加以研究觀察，也由此訓練出研判流通趨勢的敏感度。在《O 型全通路時代26 個獲利模式》這本書裡，他觀察到零售流通業四大趨勢：節約型消費、O 型全通路、流通新業態、差異化聚焦。

這四大趨勢和當前商業發達、消費兩極化、再加上人口

趨於高齡化、少子化的生活型態轉變有密切的關係。其中因科技推動，讓線上、線下疆界不再，企業面對虛實整合、跨界競爭的動盪市場，若不能以複合經營、市場缺口切入新業態，就要回頭檢視自己的企業資源。

許多時候，領導人並非「決定要做什麼事」，而是「決定不做什麼事」，才能瞄準最有效益的領域，這正是威爾許（Jack Welch）打造奇異傳奇時所提出的「選擇與集中」（Selection and Concentration）策略，也是本書作者建議零售業者面對生活型態轉變、新興科技影響，最終應該回頭檢視自身的經營模式，才能在新時代與消費者有更全面的接觸。

企業領導人出書大多是以自己的公司為例，但這本書的內容很不一樣。它不是介紹全家便利商店發展的書籍，而是分析數十個典範企業的經營策略與成長佈局；透過潘會長以實務界人士的獨特視角，梳理龐雜的資訊，深入解讀個案，讓讀者可以更接地氣，更貼近市場的脈動。

對於零售業界來說，潘會長的市場觀察當然值得關注，

但若你在製造業、科技業、金融業，或其他非零售業中，而誤以為書中案例與你無關，可就大錯特錯了！零售業反映的是經濟體的運行狀況，與社會與經濟市場脈絡。閱讀本書之觀點，能協助你了解未來市場的動態，這樣的趨勢洞察對於每一個產業的專業工作者都有幫助。有了千金難買的「早知道」，才能在這一波數位浪潮中站穩腳步，不致被湧浪捲走。

看著用戶思考，
持續發掘顧客痛點、不斷進化自己

徐瑞廷 BCG 波士頓顧問公司合夥人兼董事總經理

以前我們把產業分為製造業、零售業、金融業，但現在無論是在哪一種行業，數位化已經不是選項，而是必然要做的事；同樣的，以前我們把通路分為線上、線下，但現在對顧客來說，他們僅僅是在蒐集資訊、購物、售後服務這一連串的客戶旅程中，選擇最自然的方式與商家接觸。

這些都是由於科技進步，引領著生活型態的改變。尤其是在互聯網興起以後，顧客是被「賦權」（empower）的，因為他的手上握有數位科技（手機），就等於可以 24 小時連結上全球的零售通路。

科技的進步、被賦權的顧客、快速變動的市場，對零售

業來說是「機會」和「挑戰」並存。挑戰是，企業必須隨著用戶的行為和競爭態勢來改變策略，不再有所謂的必勝絕招，整天謹守 SOP 或是過去的成功法則，必定招致淘汰。然而，在變動快速的市場上，仍然有不變的法則——「以用戶為中心」，持續發掘顧客痛點（customer frictions），不斷進化，就有可能找到你自己的新商機。

為什麼這幾年沃爾瑪（Walmart）的電商可以做起來？除了和收購有關，更重要的意義是，它發現自己的強項是線下，進而發展出自助取貨服務（Pickup Service)。顧客線上下單，店內免費取貨，對某些不想在家裡等快遞上門的用戶來說反而更方便。從對客戶的理解，以及對自己長處的檢視和選擇，沃爾瑪找到一條新的成功路徑。

正如本書所強調的，以商品、定價、促銷在全通路時代與顧客對話，不會只有一種行銷模式。分析書中的企業案例，也沒有邁向成功的標準答案，甚至同樣是賣家具，宜得利（NITORI）和宜家家居（IKEA），一個運用垂直整合、一個透過水平擴張，都還是能在市場上取得成功。當然，現

在成功的商業模式，也許 3 年後又要改；因為對於企業來說，不斷自我修正，把顧客痛點拔除，是一條無止境的道路，這是作者潘進丁會長 30 多年來帶領全家屢屢引領先業界創新的核心精神。

以用戶為中心，對企業來說應該是一個普世價值。但是因為面臨數位轉型的焦慮感，有時候反而在讓企業在技術上做過了頭（overdo），當企業不是看著用戶思考，而是看著技術思考，就會忘記用戶要的到底是什麼；也許與其發展無人商店，不如用一台販賣機就可以解決。

看著用戶思考，才能在跨界競爭成為常態時，知道你的競爭對手是誰。有時候顧客痛點由其他行業來解決會更快、更有效。所以，很多互聯網業者進來零售業，甚至不是做電商的互聯網業者也跳進來，要思考的是，像是 UberEats 這種美食外送業者，會不會瓜分了餐飲外帶市場？

舉個例子來說，Netflix 的競爭對手不一定是其他串流影音業者，而是類似 Epic Games（以 3D 遊戲引擎技術聞名）

這樣的遊戲業者，因為他們都是解決同一個痛點——打發待在家裡無聊的時間。如果用戶花了好幾個小時打遊戲，那他就不會看影片了。所以，看著用戶的痛點思考，除了讓你保持領先之外，也更清楚真正的敵人可能是誰。

潘會長在書中提出「節約型消費、O型全通路、流通新業態、差異化聚焦」四大趨勢，其實和 BCG 對於全球零售趨勢的觀察挺類似的。但我卻對於本書第一篇特別有感，因為文末潘會長提及，追求成長與擴大，勿忘重視現場與商圈差異的初衷，這正是以用戶為中心的經營思維。

市場的快速變動，讓企業沒有邁向成功的公式可循，但永遠看著用戶思考，至少是在變動中找到定錨。當然，你也可以透過這本書，讓潘會長帶領你，學習這些成功企業怎麼看著他們的用戶思考，或許你也會因此找到自己在企業經營上的「定海神針」。

創新轉型，
不是只有一種方法、一條路徑

郭奕伶 《商業周刊》總編輯暨商周 CEO 學院院長

2017 年末，《商業周刊》邀請全家便利商店潘進丁會長為「新零售進化論」專欄執筆，邀稿期為期 1 年。為什麼邀請潘會長與讀者分享他對零售流通趨勢的看法？當時正是談論新零售轉型風風火火的時刻，但服務業占 GDP 比重近七成的台灣，卻因為新金融、新技術的落後，發展的腳步反倒慢了。

要談流通業趨勢，沒有人比潘會長更有說服力。他自 1988 年創立台灣全家便利商店，迄今進入零售流通業超過 30 年，產業資歷在當今業界無人能出其右。然而，30 年的從業歷程裡，他率領全家和競爭對手纏鬥 27 年，長期面對強敵，

更懂得如何創新制勝。

　　潘會長在 2015 年六月交棒，接受《商業周刊》專訪時說，「後進者必須靠不斷高速創新，才能爭取能見度，但創新一定伴隨著風險。」例如，全家的明星商品「夯番薯」，是一年跌掉 9,000 萬元業績換來的；掀起排隊熱潮的超商霜淇淋，是預繳 500 萬元學費才搞懂的。

　　他告訴我們，要創新，就別怕犯錯，犯錯是創新最重要的養分；怕的是什麼都不做。學會如何「聰明犯錯」，是全家一路往前躍進的動力，也是在全通路時代，零售流通業能否轉型成功的關鍵，但該怎麼個轉法？永遠不會只有一個模式、一種方法、一條路徑。

　　在這本書裡，潘會長以比較性策略分析告訴讀者，與顧客對話不會只限於一種方式。這也是《商業周刊》1616 期「O型新商業」中所探討的主題，當消費決策以從線上／線下一刀切的線性思考，變成線上⇄線下的 O 型循環，未來，惟有 360 度無縫包圍消費者的企業，才能贏得終局。

當期封面故事以日本迴轉壽司王——壽司郎作為企業案例之一。壽司郎的精彩案例，部分源於潘會長每月一次的心得分享，他解析日本因為通貨緊縮，所得沒有成長，加上人口老化導致消費力下滑；2008 年後金融危機爆發，企業也大砍交際費用，外食市場明顯產生質變，平價餐飲順勢崛起。

　　壽司郎靠著高 CP 值、現場調理、運用大數據，成為業界第一。更驚人的是，壽司郎的食材報廢率僅 1 %，也就是說，100 盤壽司只有 1 盤會被扔掉，如此低的報廢率在餐飲業無人能及！循著線頭，我們深入位於大阪的壽司郎總部，探討日本這家最會用大數據的餐飲業，如何調整虛實布局，成為全通路時代 O 型新商業的王者。2019《商周圓桌趨勢論壇》，壽司郎社長水留浩一也應邀來台，他和潘會長兩人針對從服務業「痛點」思考線上線下的整合機會，有精彩論述。

　　感謝潘會長與商周讀者分享他從業 30 年、全家 3,000 多店實戰經驗中淬煉出來的產業智慧。本書精選 11 種通路新商模、26 個企業強實例，以多元視角探討零售流通業轉型的無限可能性，也是我們開闢「新零售進化論」專欄時的初衷。

技術是手段，
商業模式才是決勝關鍵

陳昇瑋 台灣人工智慧學校執行長暨玉山金控科技長

潘會長這本書，談的是零售流通業的四大趨勢。身處金融業的我，看起來卻不折不扣是一本談數位轉型的書，且看得一頭冷汗。

全書佳言滿滿，我偏愛這段：

「創新並非改變空間、規模、商品結構或導入人工智慧而已，回到企業經營的本質，設定目標顧客，找出符合其生活消費型態，並與主流經營型態區隔的新商業模式，才是流通業的最大考驗，也是未來能否存活的關鍵。」

將這段話中的流通業改成金融業、服務業、或任何直接面對消費者的產業也都行得通。

　　身為人工智慧的傳道者，我自然希望人工智慧得到更多的注目，讓台灣的企業盡早地擁抱人工智慧，了解人工智慧的能與不能，並進一步充分將人工智慧實現於所有可能的面向。以零售業來說，店鋪選址、店點內的動線及商品擺設、廣告文宣的設計與發送、個人化折扣、產品的設計都是人工智慧善解的問題；以金融業來說，在風險管理、行銷推薦、服務品質優化、市場預測、作業流程改造等面向上，人工智慧也都能夠扮演關鍵的角色，幫助我們以更短的時間與更低的成本來提供更好的服務。

　　但是，面對市場期待與消費型態的劇變，線性的持續優化恐怕不是真正的解答。移動裝置與人工智慧等新技術不斷推陳出新，持續改變市場的需求與期待，商業世界中的動態競爭讓企業必須不斷加速學習，但在奮力前進的同時，市場淘汰機制也跟著加速。

在這樣的情況下，企業與其競爭者即使都使用新技術跑了快一點，但雙方的相對位置，並沒有任何改變。

如果想要擺脫競爭對手，必須調整前進的方向，或是改變跑法，才有超前的可能。也因此，在數位轉型過程中，技術從來不是目的，只是手段，最終還是要回到顧客的需求，最終，商業模式才是決勝的關鍵。

本書將零售業與流通業的最新成功轉型案例進行完整且清晰的分析，相信對於零售流通業的從業人員是不得不讀的策略祕笈。更重要的是，從本書的案例中，我們看到零售產業版圖的變動與界限的模糊，看到人類生活及消費型式的快速變動，甚至帶動生產方式的改進，這些改變是所有產業經理人與知識工作者不能不注意的訊息。不論你喜不喜歡，這就是我們的現在與未來，也是我們能為台灣找到下一個突破點的寶貴線索。

深入解讀，
源自於「踏破鐵鞋」的親訪調查

葉榮廷 全家便利商店董事長

　　如果你是零售業者或是生態圈的一員，潘會長對零售趨勢的觀察，你不能不關注。原因有三：他的第一本書所提出的趨勢，十來年後來看，實現率很高，甚至主導當下流通業變局；其次是，過去他帶領全家突圍，屢以異於當時業態主流的見解和對趨勢的判斷，讓全家在發展的拐點上超車。最後一個理由，他所提出的見解和趨勢，多是親身體驗、用「腳」看天下，閱讀他的書等於是走了一條捷徑！

　　潘會長的第一本書是 2006 年出版的《當巷口柑仔店變 Walmart》，書中所提出的十大流通浪潮，除了零售金融在台

灣發展略緩以外，其餘的潮流，如併購、虛實整合、業態創新、自有品牌……無一不對當下零售業有著顛覆性的影響。

我與潘會長學習 30 餘年，長期見他周旋於眾多對台灣全家有著深遠影響的利害關係人，回顧 30 年來全家決策的拐點，幾乎都是異於當時業態主流的見解。

例如，全家開業的第 1 年，雖晚同業 10 年，但隔年就以連鎖規模的規格布建物流系統；旋即又推出加盟制度，因為他從日本便利商店的發展看到了加盟趨勢，更重要的是，加盟店所構成的現場主義，會是刺激總部進步的來源。全家創業前期以 6 年的時間開到 192 店，之後不到 4 年就衝到 500 店，隨後以每 3 年 500 店的等速成長，直至跨過 2,000 店，才讓全家在台灣市場的根基站穩。

然而，就在營收、獲利高成長之際，潘會長於 2006 年提出店型變革的方向，甚至是帶領全家跨出台灣、開擴新事業的 3N 策略（新地區 New area、新店型 New format、新事業 New business）。現在來看，這些都是全家發展的拐點，但每一項決策都十分大膽。潘會長獨到的見解何來？源自於

大量的跨國、跨業的企業比較！

　　我經常有機會和潘會長出差，赴日本參加會議，多是傍晚抵達飯店，行李一擱下，就是「踏破鐵鞋」的市場調查行程。本書所談到的壽司郎、鳥貴族，潘會長都帶著我們幾位主管同行吃過、討論過；不管是同業、異業，我們經常為了一睹行業中最新的店型、特殊的經營業態，在商務出差的空檔，換了數趟電車、在月台上上下下，只為親身體驗。因此，潘會長的企業案例趨勢觀察，不僅是紙上博覽，更多的是他親自到訪，置身於情境脈絡裡，也因此能夠跨越時代，深刻觀察他山之石，淬鍊獨到見解。

　　經常穿梭在同業、異業的案例比較，使得潘會長的腦中有個豐富的「案例資料庫」。我側面觀察，過去當我們帶著策略難題和他對談，縱然當下沒有立即的答案，但他總能提出明確的標的對象，要我們去比較，抽理、拆解標竿企業的經營關鍵。功課做完了，答案也就水落石出。

　　他在《O型全通路時代26個獲利模式》這本書中也提

出不少趨勢見解，對於零售業來說，著實會膽顫心驚，但旋即又豁然開朗，在書中找到指引明燈和對於策略終局的啟發。膽顫心驚之處，在於「連鎖店標準化、複製的魅力不再」，對連鎖店經營者來說，這可能顛覆的開始；「實體通路不再是流通業的代名詞」所隱含的競爭場景，也在在都是對實體零售業者的警鐘。

　　指引明燈之處，在「超市餐飲化」的企業案例比較中，潘會長指出，「跨界整合是未來零售業的生存關鍵」，文中點出跨界不僅是帶來競爭，也寓意出整合的關鍵在於數據！

　　潘會長時常提及，「看不見的差異化才具有競爭」。在解析壽司郎的商業模式一文中，生鮮漁貨保鮮技術、大數據運用等，都非外顯式的經營策略，卻是壽司郎從 2011 年迄今，連續 7 年成為日本迴轉壽司業界第一的關鍵；唐吉軻德總部的矩陣型組織，商品、營業交互配合所產生的競爭力，均對當前零售流通產業趨勢潮流的變局，提出省思。儘管我時常能夠和潘會長對談，閱讀本書仍使我獲益良多。

潘會長統帥全家期間，在管理上容錯治理，提供積極任事的夥伴學習及試錯的寬廣空間，但不容怠惰。「勇於創新」不僅是他的人生哲學，更貫穿其用人和策略的思維，這些奠定了全家的基調，也是全家的哲學觀，這些或不見於本書的字裡行間，卻是作為後輩的我，在企業經營上的指引。

　　自 1988 年成立台灣全家便利商店進入流通業，我一面
在實務經營中磨練成長，一面研究更多國內外業界先進的成
功案例，作為自己學習的參考。一路走來，逐漸養成廣泛收
集企業個案資訊、長期研究觀察的習慣，也由此訓練出研判
流通趨勢的敏感度，這個功夫對我個人及台灣全家的經營團
隊都有莫大助益。

　　2004 年我開始在《經濟日報》副刊開闢專欄，分享我對
流通趨勢的觀察，2006 年專欄集結成冊，出版《當巷口柑仔
店變 Walmart：零售專家潘進丁解讀十大流通浪潮》一書，
書中所預測的流通產業趨勢，包括併購、業態創新、通路自
有品牌、虛實整合及金融零售等，在接下來的 10 年間陸續實
現，成為你我的生活日常。

　　只是，時光巨輪不停滾動、趨勢浪潮一波接一波，十餘
年前的預測成為現實，而未來又將如何演變？

　　2018 年是台灣全家成立 30 週年，回顧走過的這些歲月，
不論是流通產業、科技演進和我們生活的世界與行為模式，
改變更為巨大。為了掌握未來演變的脈絡，我的流通趨勢研

究從未停止，只是關注的範疇更為廣闊，畢竟，科技應用日益靈活，商業智慧不停進化，早已打破行業的界限。從不同行業中，我發現許多可以擷取、學習的成功商業模式，因此篩選出 26 個標竿企業案例，整理歸納出 11 篇文稿，進而有了此書的誕生。

這 11 篇文稿，形式上是以個案比較分析的方式書寫，同時也緊扣我自己觀察到的零售流通業四大重要趨勢，包括「節約型消費」、「O 型全通路」、「流通新業態」、「差異化聚焦」。本書所提出的 26 個標竿企業的成功商業模式，分別是上述這些趨勢的最佳示範與印證，它們的成功與持續上揚的成長力道，也預告了這些浪潮方興未艾、不容輕忽。

零售流通業四大趨勢
趨勢 1　節約型消費

「節約型消費」是我認為值得注意的一項大趨勢；在此趨勢下，我觀察到三大零售浪潮：個店經營、分享經濟及銅板經濟。

標準化、連鎖化經營，本是商業流通的主流，但隨著經濟發展商業發達，購物選擇多又便利，民眾的物質需求大抵已被充分滿足，一站購足的制式化連鎖模式魅力不再，再加上人口結構趨向高齡化、少子化，消費行為日趨多元，零售業的經營形式也愈來愈多樣化、個性化、分眾化，「個店化經營」風潮順勢而起。

　　最好的例子就是日本 YAOKO 超市及折扣商店唐吉軻德，它們都是具連鎖規模經濟的零售業，即使遭遇金融危機、311 大地震等種種衝擊，卻連續 30 年創下營收、利益雙成長的榮景，關鍵就在於他們是以消費者與商圈需求為中心，「彈性經營，發揮個店特色」，它們的成功也證實連鎖店的經營型態，仍有很大的突破空間，值得台灣連鎖零售業參考。

　　此外，繼空間分享的 Airbnb、交通工具分享的 Uber 之後，二手物品交易因新創商業模式的出現，成為潛力十足的「新利基市場」。日本企業 mercari 就是拜這股浪潮之賜，成為日本第一個獨角獸公司，讓網路拍賣龍頭日本雅虎（YAHOO！）面臨前所未有的壓力，關鍵就在於前者是少女

愛用的 App，後者則像是大叔用的網拍，商業模式截然不同。

銅板經濟的代表性行業是日本百圓商店及美國 dollar store（一美元商店）。這個業態的歷史悠久，以鮮明的單一低價策略取勝，時至今日，不但沒有消失萎縮，反而成為零售市場中不可忽略的新勢力，即使電子商務興起，也沒有對其產生任何威脅。

隨著貧富差距擴大、消費兩極化的趨勢愈來愈明顯，台灣也有類似大創百貨、DOLLAR GENERAL 或 DOLLAR TREE 的業態出現，單一低價商店未來能否在台灣零售市場形成一股新活力，值得注意。

趨勢 2　O 型全通路

以「O 型全通路」這個趨勢來說，近幾年可以看到不少企業為了爭取電商商機，或由虛而實、或由實而虛的拓展市場，但如何才能有效整合資源、創造出明顯效益，甚至訂定遊戲規則、奠定領先地位？

在虛實整合的新零售浪潮下，電商霸主亞馬遜（amazon）、阿里巴巴及實體零售巨人沃爾瑪（Walmart）一路遙遙領先，它們善用自己的優勢與資源，在突破既有框架、開創「新零售」產業的過程中，必有許多寶貴的經驗值得深入探究，或供省思警惕。

即使是傳統產業，只要善用數位科技，也還有創新空間。過去幾年，日本百貨服飾因人口負成長及高齡化而大幅萎縮，但稱霸全球快時尚產業的 UNIQLO，及日本時尚服飾電商平台 ZOZOTOWN，善用網路購物及行動消費的普及，在逆勢中找到新的成長空間。更難得的是，即使這兩家企業如今已稱霸市場，仍未雨綢繆調整定位、努力轉型，企圖建構更具競爭力的商業模式，它們的拚鬥精神值得效法。

趨勢 3　流通新業態

販賣民生消費品的超市業轉型和生鮮電商的出現，則代表「流通新業態」的興起，也印證了零售輪理論歷久不變。業態如商品有其壽命，若不創新就會消失或被取代。

以販賣生鮮食品的超市為例，五、六〇年代美國、日本開始出現現代化超市，七〇年代中期引進台灣，因連鎖化經營而快速成長，在都會區逐漸取代傳統市場。之後便利商店、量販店及各式專門店興起後，超市業的發展空間一度受到擠壓，但是近幾年出現的「Grocerant」餐飲超市風潮，是超市業者利用本身的核心資源及優勢與餐飲複合經營，更切合現代人的需求，也為自己開出一條新的活路。中國大陸的「盒馬鮮生」甚至因地制宜，將超市結合電商與宅配服務，樹立起新典範。

　　此外，近幾年歐美日興起把加工處理後的食材，和調味料、食譜包裝成箱，宅配到府的 DIY 下廚懶人包「Meal kits」，讓無法花太多時間料理三餐的家庭，省去採買生鮮食材、處理備菜的時間與工夫，也適時滿足了消費者偶爾自煮的需求和樂趣，成長幅度快速攀升，短短 6 年內市場規模翻升數倍。這股熱潮未來是否會吹向台灣？我們可以從中學習到什麼？從我們精選出 3 家標竿企業的商業模式剖析中，或可得到啟發。

從以上三大趨勢來看，可以發現商業模式創新，並非改變空間、規模、商品結構或導入 AI 人工智慧而已，如何在數位變局裡設定目標顧客，找出符合其生活消費型態，並發展出與其他主流經營模式有所區隔的新商業模式，才是零售流通業者最大的考驗，也是未來能否持續存活下去的關鍵。

趨勢 4　差異化聚焦

本書最後所探討的「差異化聚焦」，是回歸到企業經營的首要課題：選擇和集中（Selection and Concentration），如何將資源集中投入在企業本身所擅長的領域裡。不論是哪一種行業，採取哪一種策略，從組織架構、企業文化、人才養成、資源整合等各方面，企業經營都必須予以對焦呼應。以飯店業為例，過去 20 多年快速成長的星野集團及 APA 連鎖平價商務飯店是非常好的對比，前者訴求精緻化的頂級服務，將經營權與管理權脫鉤；後者則訴求平價超值，兩者不但定位截然不同，經營型態、人力對應、組織文化甚至是擴張戰術，都各有章法。

餐飲業聚焦經營的最佳範例，則非「壽司郎」（SUSHIRO）及「鳥貴族」（TORIKIZOKU）莫屬，它們分屬不同業態，卻都因為採取單一價格、單一商品的聚焦式經營，明確訴求平價超值，深受消費大眾的認同而逆風成長。

藥妝業松本清和科摩思（COSMOS），日本家具業者宜得利（NITORI）與瑞典宜家家居（IKEA），則是同一業態差異化經營的成功標竿。松本清是傳統藥妝店，善用店數規模優勢及超高品牌知名度，推出多種自有品牌產品，創造出差異化的優勢。相反的，科摩思則是最不像藥妝店的藥妝店，藥品、化妝品的營收占比僅一成左右，食品（無生鮮）的構成比卻超過五成，強調是一站購足的食品、日用品及藥妝綜合性賣場，完全顛覆傳統藥妝店的經營法則。

日本宜得利與瑞典宜家家居，一東一西，產品定位和風格截然不同，有趣的是，它們都以當今快時尚產業盛行的SPA模式經營，只不過前者是垂直整合，後者則是水平展開。即使如此，兩者卻不約而同的成為家具業界的傳奇。這些標竿企業揭示了所謂的「差異化」，不只是同中求異，更關鍵

的是如何建構一個以差異化系統運作的成功模式。

　　數十年下來，我追蹤觀察研究的企業案例不計其數，在本書中我刻意從商業模式的對比，來梳理龐雜的資訊，希望能以邏輯化、系統化的方式，與讀者分享我所觀察到下一波零售流通產業的四大趨勢。成書期間，在整理這些個案的同時，我個人也從中得到許多啟發與省思。這些標竿企業的成就固然值得讚佩，但最難能可貴的是，這些企業經營者的理念都能貫徹成為組織文化與核心價值。

　　成功，來自不斷的自我挑戰與突破。這些標竿企業的成功印證了唯有練就動態核心能力（Dynamic Capabilities），對市場、環境的變動有敏銳的感知能力，將經營資源（人、財、物）重新配置，才能立於不敗之地。謹以此與企業經營者和管理者共勉！

Contents
目錄

推薦序

更接地氣，典範企業個案的實務觀點　邱奕嘉　　　　002

看著用戶思考，持續發掘顧客痛點、不斷進化自己　徐瑞廷　　006

創新轉型，不是只有一種方法、一條路徑　郭奕伶　　　010

技術是手段，商業模式才是決勝關鍵　陳昇瑋　　　　013

深入解讀，源自於「踏破鐵鞋」的親訪調查　葉榮廷　　016

作者導讀　　　　　　　　　　　　　　　　　　021

Part I　　節約型消費

個店經營，連鎖不複製正當道　　　　　　　　034
YAOKO 超市 VS 唐吉軻德

分享經濟，二手交易的創新戰紀　　　　　　　056
mercari VS 雅虎拍賣 YAHOO!

銅板經濟，以單一價創造差異化　　　　　　　070
大創百貨 Daiso VS DOLLAR TREE VS DOLLAR GENERAL

Part II　　O 型全通路

虛實交融，零售三巨頭爭霸的決勝點　　　　　088
亞馬遜 VS 阿里巴巴 VS 沃爾瑪

疆界不再，用數據賣衣服的通路戰略   110
UNIQLO VS ZOZOTOWN

Part III   **流通新業態**

餐飲超市 Grocerant，複合經營的新型態超市   126
威格曼斯 Wegmans VS 永旺集團 AEON STYLE VS 盒馬鮮生

下廚懶人包 Meal kits，「時短」商機 DIY 食材箱   142
Blue Apron VS HelloFRESH VS Oisix

Part IV   **差異化聚焦**

翻轉活化，以經營力帶動老旅館重生   162
星野集團 VS APA 連鎖飯店

單一品項，聚焦經營殺出餐飲業紅海   176
壽司郎 VS 鳥貴族

有特色更出色，變則通的日本藥妝店   192
松本清 VS 科摩思 COSMOS

垂直／水平分工，用 ZARA 模式做家具   206
宜得利 NITORI VS 宜家家居 IKEA

社會人口趨向高齡化、少子化，消費型態也跟著改變，標準化連鎖店的商品與空間已不符需求，
再加上網路購物興起，顧客上門的頻率愈來愈低，導致通路業者的營運不斷下滑萎縮，難以為繼。

Part I
節約型消費

個店經營
連鎖不複製正當道

YAOKO 超市
日

唐吉軻德
日

1988 年 12 月 2 日，第一家全家便利商店於台北車站商圈開幕。當時我完全沒有經營流通事業的經驗，銜命接下新事業開發，從此跨入連鎖店市場。為了發展連鎖店，我大量研究國內外資料和企業案例，尤其是日本便利商店的經營模式，遵循「標準化、規格化、系統化」的連鎖店準則開店。也因此，全家便利商店初期投資比其他同業大，一開始就採用電子訂貨系統，並成立全省物流中心配送商品到各分店。

　　當時我們的物流中心設在桃園，全家便利商店的連鎖店開在台北。台北供貨廠商必須將商品送到桃園的物流中心，再由物流中心從桃園送到台北的全家便利商店，此舉被許多廠商罵全家是「頭殼壞去」。

　　但我知道，要擴展大型連鎖店，建立電子訂貨系統、物流中心是必要的基礎建設，雖然初期遇到不少困難及協力供貨廠商的質疑，但也使得全家便利商店後來的發展速度領先其他同業，成立 6 年（1994 年）店數規模就達到 192 店，損益兩平。

　　發展至今，全家店數已超過3,300家，對於「標準化、規格化、系統化」的連鎖店開店模式再熟悉也不過。但正是因為熟悉，所以可能陷入停滯的風險；要持續創新，得拿過去的成功來革自己的命，尤其是要革掉過去的成功經驗法則。

　　對於開連鎖店經驗超過 30 年的我們，也是如此。顛覆過去標準化、規格化、系統化的思考模式，全家十多年來不斷測

試開發各種新店型以及發展在地特色店，但像唐吉軻德和 YAOKO 超市一樣，連商品組合都能做到「個店差異化」的程度，還有一段努力的空間。

唐吉軻德大概是國人赴日必訪店之一。人氣之高，使得台灣媒體對它可能來台的新聞特別敏感。唐吉軻德維持連續 30 年營收、獲利不墜，其實是一頁經濟景氣與流通業變遷的縮影；其成功精髓正是連鎖不複製的「個店化經營」。

從九〇年代初期，日本因地價及股價崩跌造成泡沫經濟破滅，陷入經濟成長滯緩與物價成長偏低的「失落的 20 年」，由於景況不佳，日本民眾大多延遲購買，把現金存起來或留在身邊，導致消費萎縮，連帶也衝擊日本零售流通業的生態。在這波衝擊中，首當其衝的是量販業。一成不變的量販大賣場和強調大容量更便宜的量販商品，逐漸不獲青睞，致使日本大型量販集團（General Merchandise Store，簡稱 GMS）——大榮和西友，近年先後慘遭併購。可見對消費者來說，東西不是便宜就好，還要有個性、有品味、CP 值要高。

標準化複製魅力不再
個店化經營，造就營收、利益雙成長

連鎖量販店對日本消費者的魅力不再，不啻為流通事業

連鎖化經營的一大警訊！分析原因有二，首先，八○年代的泡沫經濟時期，所得水準提高，消費力量也很強大，各種業態的連鎖店愈開愈多，日趨飽和，購物便利性也大幅提升，民眾的物質需求大抵已被連鎖店充分滿足。之後，隨著九○年代初泡沫破裂，日本經濟大倒退，進入平成大蕭條時期。社會人口趨向高齡化、少子化，消費型態也跟著改變，標準化連鎖店的商品與空間已不符需求，再加上網路購物興起，顧客上門的頻率愈來愈低，導致通路業者的營運不斷下滑萎縮，難以為繼。

　　台灣現也正處於連鎖商店飽和、人口老化、經濟生產較低的時刻，傳統上以「標準化、規格化、系統化」大量複製的連鎖店觀念勢必要調整。以日本經驗來看，在這失落的 20 年間，反而有部分連鎖流通業顛覆標準化複製的成長法則，以「個店化經營」的運作突破競爭壓力，發展出不一樣的連鎖店，成果反而令人刮目相看。例如，日本超市 YAOKO 及平價商店唐吉軻德正是以「連鎖卻不複製」的個店經營型態，在低迷的經濟景況下，連續 30 年營收利益雙雙成長，期間就算遭遇全球金融危機、311 大地震等種種衝擊，營運成績都一樣出色（圖 1 & 圖 2）。

　　YAOKO 和唐吉軻德這兩家企業的背後，都有個眼光獨到、敢於逆流而行的傑出經營者，但是發展的過程、策略選擇、商業模式迥然不同。

圖 1　唐吉軻德營收、獲利

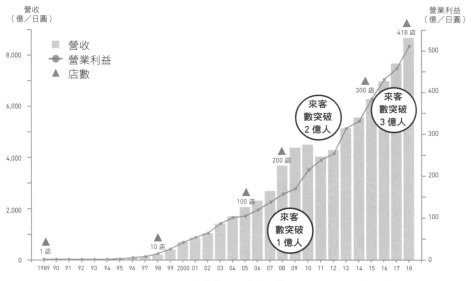

資料來源：東洋經濟，2018.9.10／唐吉軻德官方網站

圖 2　YAOKO 營收、獲利

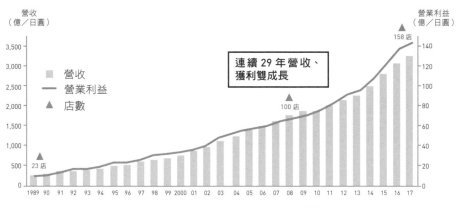

資料來源：YAOKO 官方網站

YAOKO 生活提案型超市／日
「地方媽媽」打前鋒的特色賣場

　　YAOKO 超市的前身是八百幸商店，成立於 1957 年，原是在埼玉縣的傳統雜貨店，後來發展為地區性連鎖超市。

　　YAOKO 的創辦人川野幸夫會長，東大法律系畢業後，本來想當律師，但為了繼承母親創立的八百幸商店，先到其他連鎖超市實習 1 年。沒想到，接手家族企業後不久，隨即面臨泡沫經濟破滅、消費力大幅萎縮的壓力，當他審慎思考 YAOKO 的中長期策略時，受到日本知名流通專家林周二先生《流通革命》一書的啟發，決定不走低價路線，而選擇生活提案型路線。

　　川野幸夫評估，YAOKO 的規模只有 500 億日圓，又是地區性超市，無法和四處開店的大型連鎖超市競爭，與其訴求低價，不如走生活提案路線，精選合適的商品推薦給所在社區及商圈的顧客。為此，他開始推動「個店化經營」，容許各店之間的差異化和經營彈性，以包括商品力、提案力、人力資源等五大優勢，致力打造出和當地社區商圈密切結合的特色化賣場（圖 3）。

　　從小觀察母親與顧客的互動，川野幸夫很清楚，YAOKO 若要真正融入社區，成為價值訴求的提案型超市，決策和執行流程不是由上而下的菁英主導，而是由下而上「全員主動積極參與」，其中，第一線的現場兼職人員更是關鍵。她們多半是住在附近的

圖 3　YAOKO 集團優勢

商品力
· 當季生鮮為主打
· 每日現做菜餚
· 自有品牌魅力

提案力
· 商品組合
· 品嚐方式、生活提案
· 顧客關懷
· 趣味感的商品展示
　空間

人力資本
· 連鎖店的個店經營
· 全體員工投入經營

供應商關係
· 精選優良產地
　及供應商
· 與供應商建立
　長期互惠的合作
　網絡

財務穩健
· 以經營獲利灌注
　企業根基，穩固
　財務基礎

資料來源：YAOKO 官方網站

家庭主婦，最了解消費者需要什麼，應該讓她們多發聲。

　　為了傾聽第一線的聲音，川野幸夫勤於巡店，每年至少去每家店 5 次。為貫徹執行「全員參加」，他也要求無論總部或店鋪的員工都要有企劃提案的能力，鼓勵員工主動提出

對飲食主張的想法和問題改善提案。例如，YAOKO 會針對不同商圈、不同客層（如上班族、雙薪家庭、高齡者）的需求，在各店的自助餐區提供不一樣的餐點口味與組合。這些具有當地口味特色的家常菜，都是由深諳當地飲食習慣的「地方媽媽」所擔任的兼職人員開發出來的，再由特別成立的專業團隊「烹調支援小組」（Cooking Support Team），協助將菜單商品化，以穩定品質和最佳口感供應給消費者。這樣的作業模式，便形成 YAOKO 與其他超市最大的差異點。

此外，YAOKO 超市在合適的據點，也導入餐飲超市（Grocerant，參看本書第 126 頁）的做法，在賣場內設置顧客可以現點現做的餐廳和座位區，當然餐廳菜單上的食材都可在超市貨架上購得，顧客隨時能和該店兼職的地方媽媽店員交流溝通食材的料理方式。

另外，YAOKO 也採取類似製造業的品管圈（Quality Control Circle，QCC）制度，讓兼職人員能針對工作時發現的問題提出改善方案，並給予執行測試的機會，若測試成功，就推廣到其他店鋪實行。不僅如此，YAOKO 更是連續 14 年每個月舉辦一次全員表揚大會，每一家店都會選出代表參加，加上總部營運人員，聽取由兼職員工發表的店鋪經營成功案例。這個舞台給予第一線人員很大的鼓勵，因為即使是打工的家庭主婦，也有機會被看見、與社長吃飯，甚至免費到美國參訪而士氣大振。

除了表揚大會，YAOKO 還舉辦音樂會及運動會以凝聚全員共識。現在 YAOKO 已從川野幸夫接手時的 500 億日圓規模，成長為年營收超過 4,000 億日圓的生活提案型超市典範，營利率高達 4.2%，是同業平均營利率 2.1% 的兩倍。

唐吉軻德平價商店／日
各店採購打造不可思議的驚安殿堂

相較 YAOKO 推動「個店化經營」的要角是地方媽媽，唐吉軻德成功的關鍵則是各家店年薪可達日本企業部長級的採購擔當（採購負責人）。

有「驚安」（日語，便宜得驚人之意）殿堂之稱的折扣商店唐吉軻德，是由白手起家的安田隆夫所創辦。他來自關西岐阜鄉下，出身貧困，卻很有抱負，從慶應大學法學部畢業後，先在不動產公司工作，泡沫經濟時期賺了一些錢，後來不動產公司倒閉，他賦閒遊蕩了幾年，1978 年才開始創業，在東京杉並區開設一家過季品雜貨店。

這家只有 18 坪的小店，擺設看似雜亂無章，裡面擠滿了各式各樣的過季品，但營業時間長，直到深夜才打烊。安田隆夫發現，深夜時段大部分商店早已打烊，但是來買東西的客人卻特別多，可見夜晚商機值得開發。他還發現，一旦

有一項商品非常便宜，就可以引來很多顧客，於是他開始採取「現金切貨」的採購方式，刻意把某些品項的價格壓得非常低以吸引更多來客。這家小店就這樣做出一年 2 億日圓的業績，這種經營模式也成為後來唐吉軻德的原型。

1980 年唐吉軻德株式會社正式成立，1989 第一號店成立，從此展開連鎖之路。早期唐吉軻德以銷售低價的糖果餅乾等食品、藥品、服飾及各式雜貨為主，直到 2007 年收購經營生鮮超市的長崎屋，後來又在夏威夷併購大榮集團旗下的 MARUKAI 超市，引進不少生鮮人才與技術，賣場開始增加了生鮮品類，逐步朝大型綜合日用食品商場的折扣商店發展。

唐吉軻德除了在日本開店，先後也進軍夏威夷、新加坡、泰國，目前全球店數超過 350 家，其中包括 Pure 原始店型、MEGA 綜合大賣場以及 New MEGA 都會小型店等多種店型，2018 年營收已超過 1 兆日圓，預估到 2020 年店數要達到 500 家。唐吉軻德的營收和獲利之所以能連續成長 30 年，並且持續快速擴張，日本知名企業顧問大前研一將之歸因於四個關鍵：

1. 平價折扣商店，營業到深夜，在觀光客多的熱鬧商圈 24 小時營業，晚上 8 到 12 點的營收占比非常高。

2. 集中在大都市開店，並在觀光客多的都會商圈門市把精品免稅品的銷售比重提高到 30%~60%，遠高於一般商店免稅品平均銷售占比的 6%。

3. 以併購導入欠缺的生鮮人才及 Know-how，發展有生鮮商品的 MEGA 大型綜合賣場，和 New MEGA 小型都會店。

4. 對弱點食品進行強化，並開始往郊區開店，以吸引家庭主婦和家庭客層。同時在都會區開設小型店，拉攏單身族和年輕夫妻。

　　表面上看起來，唐吉軻德像是個塞滿商品的「大雜燴」商場，實際上，安田隆夫的經營理念是，唐吉軻德不是單純賣東西而已，而是「時間消費型」的商店，信奉「顧客最優先主義」。所以，各店店長和採購可以充分自主發揮，讓賣場商品與空間有更精采的演出，目的就是要給消費者便利（ConVenient）、便宜（Discount）、充滿樂趣（Amusement）的購物體驗，唐吉軻德把這樣的體驗價值簡稱為 CVD+A。

　　唐吉軻德不僅店型多樣化，甚至是店店不同，而且商品種類繁雜得讓人難以想像。消費者可以在一家店內同時買到衛生紙、牛奶和 LV 包、勞力士手錶！而且每家店、每件商品的折扣都不一樣。讓消費者心跳加速的價格與商品組合、地板到天花板填得滿滿的壓縮陳列、形形色色的手寫促銷海報，以及「只此一家」的低價亮點（SPOT）商品，每家店都有自己獨一無二的魅力。也因此，消費者願意再三光顧，不

厭其煩的在每家店的每個角落尋寶，這就是安田隆夫所謂的「時間消費型」商店的魅力。

個人能力主義掛帥
總部以矩陣型組織管理架構支撐

　　為了做到每家店都帶給消費者便利（ConVenient）、便宜（Discount）、充滿樂趣（Amusement），又獨一無二的購物體驗，唐吉軻德把「個店化經營」做得比 YAOKO 更為徹底；這些店店精采、大異奇趣的商品並非像一般連鎖店由總部統一決定，而是授權各店。舉凡商品陳列的方式、進貨品項、促銷價格以及海報，都充分授權讓各店自行決定、執行。

　　每家店的海報，甚至有專人製作，單店可隨時調整價格，張貼新的手寫海報，推出限時特賣活動。店內 7 個商品群，分別由7 位採購負責人，負責單店的商品採購及訂價。賣場中還設有一個專屬於店長的「Free Space」自由空間，店長可以決定要賣什麼東西及售價多少，且可視周邊競爭店的狀況，隨時調整價格。

　　正因為如此，唐吉軻德的敘薪制度以個人能力主義掛帥。店長負責店內的人事薪資與人力管理調度。每家店的業績與員工個人的績效表現、薪資相互連動，只要達成業績目標，每半年調薪一次，表現不佳者則會減薪。以 2017 年來說，有 68% 的員工薪

水調高，有些採購擔當的年薪甚至高達 1,000 萬日圓以上，相當於日本企業主管級的薪資水準！

商品組合由各店自主，從傳統的連鎖經營來看，總部似乎難以駕馭，但唐吉軻德總部卻有一套嚴密的組織架構和管理體制。依照營業規模與商品組合的矩陣型組織管理架構，按不同店型、地域別設有 6 個營業本部，其下再分區設立 58 個分所，分別管理超過 350 家不同店型的賣場。

唐吉軻德的矩陣型組織管理架構，是以「營業組織矩陣」對應「商品採購組織架構」，總部也設有商品採購和自有商品開發本部，提供 160 多種品群。各地區賣場會依據商圈特色組合這些商品，總部提供的商品品項約占店內總品項數的六成，其餘四成則由單店採購和店長自行導入。6 個營業本部與 58 個地方分所嚴密銜接、層層控管，並將所有商品的進銷存全都串連起來，如此總部才能掌控「亂中有序」的個店經營模式（圖 4）。

商品結構比一比

YAOKO 超市／以自有品牌集客
唐吉軻德／以亮點商品集客

雖然 YAOKO 和唐吉軻德都強調個店經營，但因為前者

圖4　唐吉軻德的營業與商品的矩陣組織架構

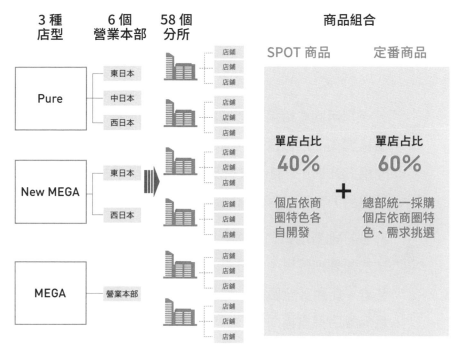

資料來源：唐吉軻德官方網站，2017.10.1

屬於超市業態，後者屬於折扣店，不論是店鋪運營、商品管理、展店策略與物流等商業模式都明顯不同。

　　從商品結構分析，YAOKO 融合綜合大賣場（GMS）與高級超市的雙重特色，高低端商品都有。在採購流程上，一般商品由總部採購，透過物流中心進貨到各店，至於生鮮、熟食及地方特色產品等差異化自有商品，則強調個店主義，把權力下放，由各店店長斟酌裁量。自有商品雖然毛利低，但可為 YAOKO 帶來穩定來客數；

高品質的生鮮及具地方特色的熟食組合，則可創造良好口碑與高毛利。YAOKO 運用三大方針強化個店的商品競爭力和差異性：

1. 不採用同業慣用的檔期促銷模式，而是透過市場價格調查，以每日最低價（Everyday Low Price，簡稱 EDLP），開發自有品牌商品（多半是食品與日用品），吸引對價格敏感度強的顧客。

2. 強打地產地銷的生鮮蔬果，而且運用色彩管理手法加強陳列效果，以吸引注重品質與在地口味的消費者。店內美食區的多樣菜色，強調符合該商圈特色，各店不盡相同。

3. 因應商圈消費特性設立對應商品專區，例如高級住宅區就特別設置高檔紅酒專賣區。

至於唐吉軻德，每家店的商品組合非常多元，從服飾、家電、家具、寢具、雜貨、食品、運動器材到美容及健康食品等，應有盡有，一家店品項數約 4 萬 5 千個，而且經常變換商品，讓顧客永遠逛不膩。

基本上，唐吉軻德每家店有60%的定番品（固定商品），

是由總部統一採購，各區域依地區需求來挑選商品，組成區域性的「商圈台帳」（符合商圈特色和需求的商品組合）；另有 40% 的亮點商品（SPOT）是由各店自行採購，盡量以現金進貨，把成本、售價壓到最低，形成「人無我有」的優勢，除了藉此吸引來客與人潮，也可創造單店的差異化。

有時單店亮點商品的售價甚至可以低到 100 日圓，讓人不禁懷疑它的利潤從何而來？其實，唐吉軻德的策略是利用低價、迴轉快但低毛利的食品來集客，主要獲利來源卻是高毛利的非食品。有些單店甚至會導入限時限量的亮點商品，由於是現金切貨，雖然是超低售價，但毛利率卻高達 50%，而且往往能吸引顧客爭相搶購，創下可觀銷量。

另外，唐吉軻德也開發售價較低的「自有品牌」商品，例如相同品質的一條高級浴巾，冠上唐吉軻德的自有品牌時，售價是 398 日圓，毛利高達 30%，若是以全國性品牌商品銷售，售價可能多了一倍，拉高為 698 日圓，毛利卻只有 3%（表 1）。

可見，以銷售組合（Sale-mix）吸引來客，並利用商品毛利組合（Margin-mix）確保毛利率，正是唐吉軻德得以維持 30 年營收和利益雙成長的關鍵。當然，如何壓低相同商品的成本、售價，拉高毛利，對各店採購的功力和專業是莫大的考驗，這也是為什麼唐吉軻德強調以能力敘薪的個人主義。

表 1　唐吉軻德的毛利組合*

商品類型	售價（日圓）	毛利率	備註
全國性品牌	698	3%	總部統一採購
自有品牌	398	30%	自行開發商品
單店 SPOT 商品	100	50%	現金切貨

＊本表以浴巾為例

資料來源：作者彙整

展店策略比一比

VS　YAOKO ／從鄉村包圍城市
唐吉軻德／從城市向外擴展

　　經過 20 多年的持續成長，面對電子商務及人口老化的衝擊，YAOKO 和唐吉軻德也都適時調整了展店策略，並展開虛實整合，建立新的系統架構。以 YAOKO 來說，2013 年川野幸夫把會長的棒子交給兒子川野澄人，一向在埼玉、千葉一帶展店的 YAOKO，也開始從外圍往東京都內推進，並以百坪左右的小型店作為前鋒，積極迎戰都會區的大型超市，目前已在東京都內開出 2 家小型都會店。

　　YAOKO 新型態的小型都會店可說是「個店經營」的進化版，包括生鮮採購都強調個店特色。以東京都的成城店來

圖5　YAOKO 單店經營的採購與物流配套（以東京成城店的體制為例）

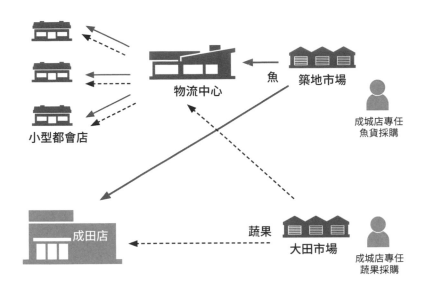

物流中心

魚　築地市場

成城店專任
魚貨採購

小型都會店

成田店

蔬果　大田市場

成城店專任
蔬果採購

資料來源：日經 MJ，2018.4.20

說，設有兩名專任生鮮採購，一早分頭到專業市場挑貨，中午前賣場就會陳列出剛從築地市場採買回來的新鮮水產，以及從大田市場挑好的蔬菜水果，這些在地的新鮮農漁產除了供應給成城店以外，也會進貨到中央物流，小量出貨到這些小型都會店，由各店店長自行決定如何陳列和銷售這些產品（圖5）。

　　除了當天採購的生鮮、現場調理的熟食是 YAOKO 差異化的利器，川野澄人也開始推動 YAOKO 網路超市、引進 IT 技術測試無人科技店，並因應人口老化、人才難求的趨勢，在訂購、貨架管理方面加強科技化管理，以減少勞務。

相較於從鄉村包圍城市的 YAOKO，傳賢不傳子的唐吉軻德，安田隆夫於 2015 年交棒給曾是一號店店員的大原孝治接任執行長，自己則擔任創會會長兼最高顧問。大原孝治秉持唐吉軻德個店經營、充分授權、顧客優先的理念，從都市向外拓展，積極推動多店型策略，讓唐吉軻德遍地開花。其中，以配有生鮮商品的 MEGA 大型店拉攏主婦與家庭客層，另以較小型的 New MEGA 都會店鎖定單身族和年輕夫妻。唐吉軻德以生鮮加強型賣場為主力的展店策略奏效，食品銷售比重由二成增加到三成以上。

為了快速擴張，達到 2020 年 500 店的目標，唐吉軻德以併購、投資的展店策略雙管齊下，把觸角伸得更廣。2017 年 11 月，唐吉軻德取得日本全家控股旗下大型量販子公司 UNY 40% 的股權，將 UNY 6 家店改裝成與唐吉軻德雙品牌複合的大型超市，營運績效相當亮眼，還不到 1 年，營收就比前一年成長了一倍。

由於改裝店績效超越預期，為了深化雙方的策略聯盟，2019 年 1 月日本全家控股將 UNY 100% 股權交給唐吉軻德。本來，日本全家控股是預計透過市場公開收購（T.O.B，Take-over Bid）取得唐吉軻德 20% 的股權，因股價大幅變動等市場因素而未能達成，但未來日本全家控股持有唐吉軻德股權的方針並未改變。2019 年 2 月唐吉軻德將公司名稱 Don

Quijote Holdings 改為 Pan Pacific International Holdings，預期雙方在全球化戰略中將有許多合作的可能。此外，看好 2020 東京奧運的磁吸力量，瞄準觀光客的免稅品也是增加比重的商品種類，早期唐吉軻德的免稅品銷售占比僅 4%，現已提高為 6%，預計 2020 年要衝到 10% 的銷售比。

唐吉軻德同時鎖定購買力龐大的「海外旅客」加強促銷，2017 年 4 月先針對中、港、台、韓和部分東南亞地區，推出「消費免 8% 稅金」的海外商品寄送服務。2018 年 5 月更進一步推出限時 3 天的「國際免運費」活動，只輸入通關密碼，就能享受「不限金額、不限重量」的免運費網站優惠，這個消息曝光後，網站立刻被擠爆，許多線上商品都被一掃而光。由此可見，唐吉軻德不僅經營實體店十分有彈性，經營網路購物也懂得出奇制勝。

追求成長與擴大
也勿忘重視現場與商圈差異的初衷

YAOKO 和唐吉軻德以消費者與商圈需求為中心，打造個店特色的經營故事，顛覆了連鎖業制式化、標準化的概念，它們的成功證實連鎖店經營型態，的確有很大的創新突破空間。在台灣，我們也開始看到個店經營的趨勢，包括全家便利商店在內，不少連鎖品牌都在測試開發各種新店型以及發展在地特色店，但

像 YAOKO 和唐吉軻德一樣，連商品組合都能做到「個店差異化」的例子，則還未見。

個店化經營比起標準化模組的大量複製要難上許多，YAOKO 和唐吉軻德的做法，即使日本企業也難以效法，除了經營者堅持推動這樣的理念之外，最主要的原因是個店經營必須有適當的配套，其中包括組織文化、能力主義的人事薪資制度、第一線人員的培養與激勵等。尤其通常企業發展到大型化之後，組織很容易流於官僚化，過去的成功經驗往往成為創新突破的絆腳石，所以，唯有讓組織文化不斷革新，避免僵化，才能激發第一線人員的活力創新及參與提案的士氣。為了鼓勵改革提案，必須像 YAOKO 一樣提供專業人才或技術團隊支援現場，讓提案可行化。

在營運面上，個店經營最重要的課題與挑戰是，總部如何掌握各店資訊，明確劃分與各地門市現場的分工，避免充分授權最後變成各自為政的混亂傾軋？唐吉軻德是以矩陣式營業組織，串連各店龐雜的資料，做到「亂中有序」的管理，但我相信，其中的管理精髓是隨著時間累積出來的。所幸，現在連鎖業總部可以善用 IT 技術，強化大數據分析，提供完整細密的資訊給單店現場，讓第一線人員更有機會展開個店化經營。即使無法完全複製唐吉軻德和 YAOKO 的成功，至少可以學習其個店經營中重視現場與商圈需求差異化的精神，那才是這兩個商業模式的核心（表 2）。

表 2　YAOKO 超市 vs. 唐吉軻德商業模式比較表

	YAOKO ／超市	唐吉軻德／折扣商店
店鋪運營	1. 全員參與提案 2. Cooking Support Team(烹調支援小組) 3. 結合食材現點現做的餐廳服務	1. 授權店鋪現場採個人能力主義 2. 單店採購擔當,負責單店商品組合 3. 時間消費型賣場陳列策略
商品組合	1. 店產店銷熟食＋地產地銷生鮮 2. 以每日最低價自有商品滿足價格敏感度 3. 商圈個性化對應的商品(ex 葡萄酒)	1. 全店「定番品」＋單店亮點商品,打造兼具毛利商品和促銷價的商品組合 2. CVD+A (便利 / 便宜 / 樂趣)
展店策略	1. 從鄉下包圍城市 2. 地區密集開店	1. 從都市開始出店 2. 多店型遍地開花
基礎建設	自有物流	物流委外

資料來源:作者彙整

分享經濟
二手交易的創新戰紀

mercari
（日）

VS

雅虎拍賣
YAHOO!
（日）

「以物易物」是人類最早的交易型態，也是商品或服務流通的開始，例如以一隻雞換一把石斧。進入網路化、社群化的時代，以分享、交換閒置資源來滿足自己的需要，有了創新的做法和形式，例如分享「空間」的 Airbnb、分享「移動」的 Uber，各種「分享經濟」的新商業模式創造出龐大的商機與價值。

我長期觀察日本市場，日本公司善於將經營管理的知識系統化，但也因此較為缺乏跳脫體制的新創公司。2018 年在東京證券交易所掛牌的 mercari 則是日本公司中的異類，它被視為日本少有的網路服務公司獨角獸，掛牌時更是創下東京證券交易所新創公司的市值紀錄。

mercari 經營的是古老行當──跳蚤市場（Flea Market），但是它開發的 App 卻是日本少女們的「最愛」！它的崛起顛覆了日本中古物品交易的遊戲規則，並在二手網拍及實體二手市場掀起滔天巨浪，更讓遙遙領先的日本雅虎拍賣（YAHOO!）等大型入口網站面臨前所未有的壓力。

二手物品交易不是新行業，卻因為新創商業模式的出現，成長動能持續擴大。以日本為例，近 10 年中古物交易的二手市場不斷成長；從 2009 年起連年上升，2016 年已達到 1.9 兆日圓的規模，估計到 2020 年將會超過 2 兆日圓。

二手市場與快時尚
抓準年輕世代喜新厭舊、炫耀式的消費型態

　　我個人觀察二手市場的成長力道，與快時尚的成長曲線頗為相似，研判應與年輕世代喜新厭舊、炫耀式的消費型態有關。對於年輕人來說，買東西是追求潮流，所以只在乎曾經擁有，不在乎天長地久，而且只有把舊的賣出，才有錢再買新的。在這種消費行為的循環滾動下，二手物品的流通市場也愈來愈熱絡。從日本二手市場規模的結構來看，目前二手品實體店鋪（53%）和網路二手物品買賣（47%）分庭抗禮；網路二手物品買賣則包含網路購物、拍賣網站及二手交易 App 三大類。

　　興起僅五年的 C2C 二手交易 App，目前交易金額已超過 3,000 億日圓，占整體二手市場 16%，規模僅次於歷史悠久的拍賣網站 18%（圖 1）。成長速度之快，令人咋舌，也反映出網路二手交易的行為及商業模式快速改變，正在上演一場世代革命。根據《日經 MJ》新聞 2017 年報導，日本旅行公社 JTB 綜合研究所針對 18 到 28 歲千禧世代所做的「偏好使用的新服務」調查結果中，第一名竟然就是二手交易 App，甚至遙遙領先停車位預約、Uber、Airbnb 等其他熱門的分享服務 App；其中 18 到 21 歲的年輕族群，更是對二手交易 App 愛不釋手，使用率高達八成。

圖 1　日本 2016 年二手市場規模

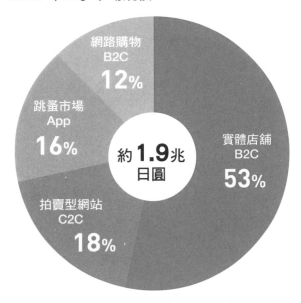

網路購物
B2C
12%

跳蚤市場
App
16%

約 **1.9** 兆
日圓

實體店舖
B2C
53%

拍賣型網站
C2C
18%

資料來源：日本經濟產業省電子商務市場調查

　　調查顯示，年輕世代之所以對二手交易 App 情有獨鍾，主要是因為他們認為：「把東西直接丟掉很可惜，賣掉多少可賺點零用錢」、「可以用很便宜的價格買到想要的東西，而且還有尋寶的樂趣」、「可以找到一般店裡少見的東西等」。也就是說，二手交易 App 對年輕世代而言，不僅是購物通路，更是一種尋寶、挖寶、比價的體驗樂趣。

　　年輕人熱衷透過手機 App 買賣二手物品，對於日本實體二手市場衝擊頗大，最明顯的例子就是以二手書店起家的上市公司 Bookoff 已連續兩年虧損。可見，直接到店交易，固然有直接鑑價、

馬上換得現金的好處，但實體二手商店開得再多，也不如人人皆有、隨身攜帶、隨時操作的手機方便、容易、即時。

這股「實消虛長」的態勢，連在日本長期獨領風騷的雅虎拍賣也不敢輕忽。自 1998 年起，由跨國網路公司雅虎（YAHOO!）提供的拍賣服務，初期採取「免費」策略，吸引許多凱蒂貓、迪士尼米奇老鼠的收集愛好者，成為雅虎拍賣的死忠支持者。2001 年日本雅虎拍賣開始實施收費制度，每月會費 280 日圓，每件拍賣品另收取 100 日圓手續費，並需確認拍賣者身分的真實性，儘管如此，雅虎拍賣的用戶依然大幅成長至 220 萬人，而且連續多年成長率高達 60%，逼得競爭對手 eBay 不得不退出日本市場。

然而，在日本稱霸二手交易市場超過 20 年，平均年交易金額達 9,000 億日圓，流通的商品數高達 5,100 萬件的雅虎拍賣，為何如此忌憚 2013 年才成立的 mercari？

若論交易金額，日本雅虎拍賣是 mercari 的七倍，流通物品數量是 mercari 的 50 倍。但若是論成長力道，光是 2016 一年，mercari 的交易金額就成長了三倍之多，雅虎拍賣卻只成長了 6%；在使用人數上，mercari 單年度就成長了 77.9%，而雅虎拍賣卻只成長 1.7%（圖 2）。

眼看 mercari 來勢洶洶，日本雅虎拍賣在 2017 年正式宣布在既有網站增闢類似的 C2C 跳蚤市場功能，並祭出免手續

圖 2　mercari 和雅虎拍賣戰力比一比

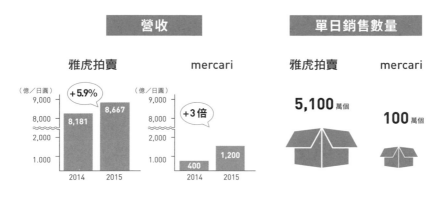

資料來源：日本經濟新聞，2016.12.19

費的優惠方案反撲，甚至和實體二手商店的龍頭 Bookoff 聯手合作，希望透過 O2O 的策略聯盟，再次擴大商品數和使用者。

　　原本日本雅虎拍賣認為憑藉自身龐大的會員數、免手續費的誘因，加上強強聯合，應該可以輕鬆打趴 mercari，結果卻不如預期。事實上在此期間，樂天拍賣也併購了 Fablic 公司的 Frill

App，意圖瓜分成長快速的二手交易 App 市場，結果卻在 2018 年 4 月黯然熄燈。究竟 mercari 是家什麼樣的公司？日本雅虎拍賣和樂天拍賣兩隻大鯨魚，為何撼動不了這隻小蝦米在年輕人心目中的地位？

市場定位比一比

VS mercari ／少女用的手機 App
雅虎拍賣／大叔用的 PC 版網拍

　　日本雅虎拍賣和 mercari 的手機 App 雖然都是 C2C 的二手物品交易，其中流通販售的物品，也是以衣服、包包和玩具、電玩為大宗品類，但由於日本雅虎拍賣的歷史悠久，目前使用者多半是 30 到 50 幾歲的男性，而 mercari 手機 App 的主力客層則是 10 幾到 30 幾歲的女性，兩者主力使用者儼然就是大叔和少女的對決，因此日本雅虎拍賣是以嗜好收藏品如公仔等為熱門品項，而 mercari 手機 App 則是以飾品、手錶類的交易特別突出（圖 3）。

　　當然，不同族群的使用習慣也很不一樣，日本雅虎拍賣是以個人電腦（PC）為主體設計出來的平台，新推出「跳蚤市場」服務時，僅在拍賣網首頁切出一個子頻道，以小小的標籤和文字顯示讓使用者點選切換，後來雖推出跳蚤市場

圖 3　跳蚤市場 App 和拍賣網站使用族群及商品偏好

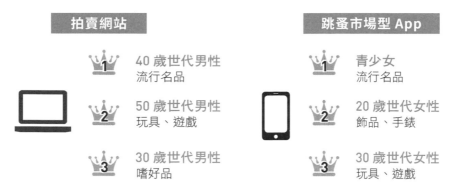

拍賣網站		跳蚤市場型 App	
1	40 歲世代男性 流行名品	1	青少女 流行名品
2	50 歲世代男性 玩具、遊戲	2	20 歲世代女性 飾品、手錶
3	30 歲世代男性 嗜好品	3	30 歲世代女性 玩具、遊戲

資料來源：日本經濟新聞，2016.12.19

App，但 App 使用者僅佔 50％會員數。

　　此外，日本雅虎拍賣 App 並未揚棄以電腦介面為主的舊思維，以及 B2C 為主的舊商業模式，賣方夾雜了大型店家和個人賣家，販售的物品品類又多又廣，搜尋起來反而費事，價格也不見得便宜，因此，即使有免年費的誘因，也難以喚起年輕人的使用意願。反之，mercari 的主力使用族群是網路原生世代的年輕女性，95％ 的使用者都是利用手機 App 上網。所以 mercari 一開始就以手機介面設計，推出好用、簡單的二手交易 App。

　　在賣家選擇上，mercari 手機 App 刻意排除舊貨商和轉賣商，完全鎖定個人賣家的 C2C 交易，在商品上架的設計流程，就是簡單、快速、好上手。使用者只需用手機完成「拍照」、「描述物品狀況細節」、「訂價」、「決定寄送方式」四個步驟，就可快

速將商品上架。而且不論是買或賣,都只需要一個帳號 ID。例如 App 裡要求賣家,第一個步驟是以手機、用自然光呈現商品原貌,但照片要包括完整的商品,並忠實呈現有瑕疵或髒汙的地方。第二個步驟是在描述商品細節時,標題中要寫清楚商品名稱、品牌名稱、尺寸,內文中則可分享對商品的喜愛及讓售分享的心境。第三個步驟是決定售價,mercari App 的賣家不用設定底價來競標,直接決定價格即可,如此可加快成交速度。第四個步驟是決定寄送物品的方式。

簡單的四步驟完成後,商品就可以上架。通常,賣不賣得出去,24 小時內就能見真章。如果商品賣不出去,mercari App 也不像以往的網路拍賣一樣提供「自動重新上架」功能,而是希望賣家重新修改自己的定價或照片再上架銷售,以提高成交機率。

再以定價方式來看,以往雅虎拍賣或是其他拍賣網站,多半是以競標結果決定,交易時間快則半天,慢則 1 週,但 mercari 的定價是由賣家說了算,1 天之內就確定能否成交,對急於變現的賣家、隨時想尋寶的買家來說,當然會選擇 mercari。也因此,短短 5 年 mercari 在日本國內的 App 下載數高達 5,000 萬次,每月交易金額超過 100 億日圓(表 1)。

表 1　mercari vs. 雅虎拍賣商業模式比較表

	mercari	雅虎拍賣
介面	手機為主	桌機為主
獲利來源	賣方手續費 （成交金額的 10%）	賣方手續費 （成交金額的 8.94%）
買賣方屬性	小賣家 多為跳蚤市場之同好	大小賣家皆有
成交速度	快速 四步驟上架， 上架後即可能成交	一般 須待 12 小時～ 7 日的競標 期間結束後方可成交
信任機制	1. 第三方支付， 保障買賣雙方交易 2. 賣家個資條碼化 3. 假貨稽核小組	透過會員評價分數

資料來源：作者彙整

mercari 四大成功關鍵
贏者全拿、極簡介面、個資條碼化、持續優化

　　mercari 之所以能成功，是在成熟的二手市場中找到手機上網的新利基，並且以網路原生顧客導向的徹底實踐站穩腳步。從發展策略上來看，第一個成功關鍵是，mercari 成立初期投入大量電視廣告，快速提高知名度，並以免手續費吸引賣家使用，創造群

聚效益，達到「贏者全拿」的目的。第二個成功關鍵，則是「極簡化」的使用介面，以及強化買賣家之間的雙向溝通功能，讓買賣雙方可以透過即時通訊溝通、討論、議價，加速交易效率。

第三個關鍵是它把賣家個資條碼化，這項措施除了保護賣家的個人隱私，提高安全感以外，也大幅提高了物流效率。mercari 目前在日本是與黑貓宅急便合作，美國 mercari 則與美國郵政合作，買賣一旦成交，平台就會發給賣家一組條碼，只要印出來貼在包裹上即可寄交。

第四，是站在使用者的角度持續優化，例如推出 mercari now 的當鋪功能，讓需要快速成交、換現金的賣家，可直接把東西先賣給 mercari，再由 mercari 上架賣出。不可避免的，mercari 也面臨包含販賣贓物、收款卻未出貨⋯⋯等拍賣平台電商常見的問題，為了杜絕消費者買到瑕疵品或贓貨，它雇用了 300 多人在網站上巡邏稽核，找出並排除不良賣家，降低交易風險。

mercari 持續優化功能與客服，與其創辦人山田進太郎的經歷有關，山田進太郎 1977 年出生，早稻田大學畢業，早年曾在日本樂天任職，之後創立 UNOH 電玩公司（2010 年賣出），對於以智慧型手機使用者為主的手遊市場有深刻而敏銳的觀察，所以在 2013 創立 mercari 時就確立以手機為介面，

設計出一個有形物品或無形服務的分享交換平台。

　　與其說 mercari 是一個二手交易 App，不如說它是一個閒置資源（包含有形物品或無形服務）的交易平台，未來將以此建構出一個分享經濟的生態圈。因此除了以「物品交易」為主的 mercari 以外，還有以「生活服務交換」為主的 App。未來 mercari 也會再細分為二手書籍 DVD、二手精品等不同物品的交易平台，「生活服務」也會區分為語言交換、共享單車等，中間的交集則是共通的 ID 帳號、評價、支付系統（圖 4）。不過以「生活服務」交換為主的相關 App 推出後，發展並不如預期，mercari 正重新檢視它的發展策略。

分享經濟到中國
「閑魚」快速竄起，「轉轉」急起直追

　　這股分享經濟的浪潮不只席捲日本，現也流向中國大陸，二手交易 App 已成為中國電商巨頭一較高下的決勝戰場。例如阿里巴巴集團繼淘寶、天貓之後，2015 年成立的第三個平台，就是把淘寶網上的「淘寶二手」功能升級為專營閒置生活服務交易及二手物品拍賣的「閑魚」。2016 年，它就成為中國最大的 C2C 拍賣平台。如今，「閑魚」已有超過 2 億用戶，1,600 萬的活躍賣家，合作拍賣單位多達 3 萬多家，每月成交拍品多達 100 萬件。

圖4　mercari 勾勒未來物品與服務的分享經濟圈

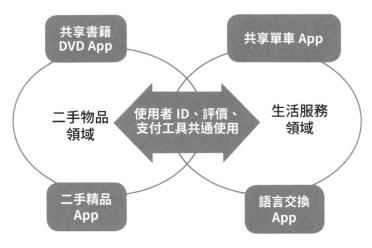

- 物品、生活服務領域基礎服務擴大
- 分享經濟的領域中進行 C2C 新服務的開發

資料來源：東洋經濟，2017.9.23

　　「閑魚」強調自己不是電商，而是「分享經濟下的社區」，舉凡生活服務、技能分享、住房服務等，都可以在「閑魚」上交流轉讓。這正符合了中國新世代九〇後網路族的價值觀與生活態度，其用戶活躍度超過四成，許多重度用戶每天都會花很多時間逛「閑魚」、挖「魚塘」（係指用戶可以在平台上建立玩家社群，聚集有共同興趣的人），「閑魚」的飛速成長，吸引更多中國企業投入二手交易平台；2017 年騰訊集團以 2 億美元入股中國第二大的二手交易 App「轉轉」，借重騰訊旗下的 QQ 和微信等平台，「轉轉」打通了

社交入口，取得可觀的流量，並採用「微信支付」擔保交易安全。

以手機為載具的隨身介面已不是未來趨勢，而是日常生活，再加上台灣在可支配所得無法大幅成長的情況下，和日本二手交易平台的崛起背景頗為相似，千禧世代的消費價值觀也逐漸從「擁有」轉向「使用」。可惜的是目前台灣二手交易平台多半是透過來自新加坡的蝦皮購物、旋轉拍賣和臉書（Facebook）社群媒體交易，沒有成氣候的本土新創網路服務平台出現。

社會結構老化，生活型態快速改變，加上科技不斷推陳出新，流通業正面臨前所未有的衝擊，經營型態勢必要持續創新。然而，創新並非改變空間、規模、商品結構或導入 AI 人工智慧而已，回到企業經營的本質，設定目標顧客，找出符合其生活消費型態，並與主流經營型態區隔的新商業模式，才是流通業的最大考驗，也是未來能否存活的關鍵。

賦予傳統跳蚤市場全新的經營模式，是 mercari 的成功之道，但這樣的創新 DNA 不是只能發生在電商產業，對傳統產業、零售業也是一種啟發。例如與全家合作的金色三麥啤酒，它在土洋品牌眾多、競爭激烈、發展成熟的啤酒市場裡，以「現釀」為訴求異軍突起，快速成長，可見在一片紅海中，只要找到新利基，依然可以開拓出自己的藍海。

銅板經濟
以單一價格創造差異化

大創百貨
Daiso
日

DOLLAR
TREE
美

DOLLAR
GENERAL
美

在市場學裡,「價格」一直是非常重要的關鍵字,也是市場區隔的基礎。過去 10 年,以低廉的「單一價格」為訴求的折扣商店,像是日本的百圓商店及美國的 dollar store(一美元商店),成功運用「銅板價」創造了鮮明的顧客記憶點,其市場規模持續成長、擴大。

傳統的流通業業態大致可粗分為量販店、超市和便利商店,這種一價到底的折扣商店,算不算是一種新的業態?美國一美元商店和日本百圓商店,雖然商品結構組合與量販店、超市、便利商店等零售通路沒有太大區隔,但由於以鮮明的單一低價策略取勝,再加上日本長達 20 年的通貨緊縮、美國在金融海嘯後低收入戶的增加,包括台灣長期低薪的環境,都讓這種訴求「銅板經濟」的折扣店變得很有魅力,甚至形成一股流通新勢力。

經營人口結構的絕對多數
折扣商店以「規模經濟」寡占市場

以人口結構來說,位於金字塔底層、消費能力較低的人口占大多數,他們是折扣店的主力客群,此外精打細算的中產階級,寧可在日用食品上省吃儉用,把錢花費在自己喜歡的旅遊或 3C 產品上面,類似的消費行為給了折扣商店蓬勃發展的機會。其中幾個撐住市場半邊天的標竿企業都經營得非常成功,整體市場規

圖 1　日本百圓商店近年積極展店

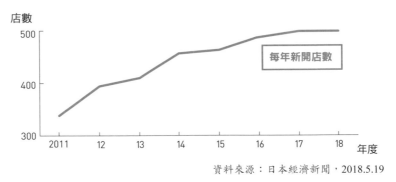

資料來源：日本經濟新聞，2018.5.19

模也日益壯大，我認為這種折扣商店甚至有可能逐漸自成一個業態，和其他傳統零售流通業抗衡，未來的發展不容忽視。

到 2018 年為止，日本百圓商店市場的規模已超過 7,000 億日圓，前兩大品牌 —— 大創百貨 DAISO 和 Seria 的市占率就高達八成，Seria 的股票市值甚至高過百貨業中的高島屋，可見這種折扣商店已是日本零售流通市場的新勢力（圖 1）。

規模最大的大創百貨（2001 進入台灣市場），由矢野博丈創辦，他白手起家，曾是雜貨流動攤販，1987 年成立「100 元商店大創百貨」，開始發展連鎖事業。由於經營成果卓越，2004 年入選日經新聞百大經營者，2017 年並在「消費者心目中最有魅力的品牌」評比中名列第二。

即使已成立 30 多年，大創百貨的成長動能依舊強勁，

2018 年營收達到 4,500 億日圓，除了在日本國內擁有 3,200 多家店，海外 26 個市場的店數也近 2,000 家，甚至在中東、中南美地區都看得到大創百貨的蹤跡，可以說是日本流通業國際化擴張的翹楚。它成功開拓出折扣商店廣大的版圖，既為本身帶來規模經濟效益，也帶動了日本百圓商店的蓬勃發展。

美國的一美元商店最早起源於二次大戰前，拜 2008 年金融海嘯之賜，2010 年到 2015 年快速成長，市場規模由 304 億美元增為 453 億美元，幾乎增加了五成，目前由 DOLLAR GENERAL 和 DOLLAR TREE 兩大品牌稱霸。

1939 年創立、規模最大的 DOLLAR GENERAL，原本遙遙領先 1986 年成立、排名第三的 DOLLAR TREE；但後者在 2015 年 7 月併購折扣商店另一大品牌 FAMILY DOLLAR，一口氣拿下 8,000 多家店之後，兩者規模現已不相上下，營收都在 230 億美元上下，店鋪各約 1 萬 5 千家。

DOLLAR GENERAL 一年平均開出 1,000 家店，擴張速度飛快，而且連續 27 年營收利益、既存店的業績、獲利都是成長的，值得注意的是，它的營收和梅西百貨相當，獲利卻是後者的兩倍；市值則是美國超市業龍頭 Kroger 的五倍之多。DOLLAR TREE 的表現也不遑多讓，在過去幾個季度裡，營收成長了 13%，既存店的成長率也將近 4%。

根據我的觀察，不論日本或美國地區，講求規模經濟、大者

圖 2　美國近十年各實體店型店數增長

增長店數

資料區間：2007~2017

一美元商店　11,249
便利商店　8,664
藥局　5,632
酒類小賣店　3,528
折扣量販店　2,422
超市　2,249
購物中心　1,295
百貨公司　-638
服飾店　-4,125

資料來源：美國 statista 網站

　　恆大的百圓商店或一美元商店都是寡占市場，顯示這個行業是以規模經濟取勝，唯有市場夠大，透過大量生產、大量進貨、以量制價，才能以低價衝高銷量來獲取利潤。

　　眼看折扣店在這 10 年來的營收、獲利快速成長，表現比其他零售通路都突出（圖 2），為了防堵一美元商店的擴張勢力，美國零售業老大哥沃爾瑪曾在 2014 年開出一系列迷你店迎戰，結果卻黯然撤出，並把 41 家店賣給了 DOLLAR

GENERAL。顯然，銅板經濟事業不是光靠打出「低價」就可以成功，深入解析美日折扣商店龍頭的商業模式，更可看出「低價」只是吸睛亮點，而非成功關鍵。

日本百圓商店
以 SPA 模式創造商品力的絕對優勢

日本百圓商店龍頭大創百貨採用標準的「製造零售業」（Specialty Store Retailer of Private Label Apparel，簡稱 SPA）經營模式，從商品開發、產品設計、生產製造、物流倉儲、銷售到庫存調整，全都自己包辦，展開所謂的一條龍管理。它在全球 45 個國家共有 1,400 家外包生產的供應商與合作夥伴，緊密的供應鏈讓大創百貨的自有商品比率高達 99% 以上，建構出競爭者難以匹敵的商品力。

凡是逛過大創百貨的人都知道，它不只是訴求價格便宜的廉價商店，商品種類與組合十分豐富多元，包括食品、文具、家用雜貨、廚房用品等，應有盡有，品項數多達 7 萬個。它的經營哲學是提供高品質、多元化、獨特性三者兼具的商品，以及有尋寶樂趣、忍不住想購買的購物體驗。

要落實這樣的經營理念並不容易；為了讓顧客每次上門都有想買的東西，大創百貨定期汰換貨架上的商品，每個月至少上架

800 種新品。為了頻繁推出新商品，大創百貨每天至少有 200 個貨櫃從遍布世界各地的工廠運到日本，物流量十分驚人。

由大創百貨賣出的商品數量也十分龐大，光是日本國內，一年就賣出 40 億個商品，例如 1 秒鐘可賣出 6 個電池（一年銷量超過 1.47 億個），3 秒賣出 1 條領帶（一年賣出 200 萬條），1.3 秒賣出 1 對假睫毛（圖 3）！如此強大的規模經濟與效率，除了可以有效壓低成本與末端售價，也讓它與代工廠之間長期維持穩定的合作關係，令其他競爭者難望項背。

這種經營模式的第一個挑戰是，進銷存管理必須十分精準細膩又有效率。大創百貨自行開發商品，牢牢掌握海外代工廠的生產，同時又在各地廣設 2 到 3 萬坪的大型物流中心，不論是滯銷品下架與新品上架的配合，生產供應鏈的環環相扣，流程都無縫銜接，運作得十分順暢。

第二個挑戰是營運成本的控制。當商品愈多、汰換愈快速，如何才能簡化門市管理作業，降低人事成本？好在，大創百貨店內的商品數雖然多達數萬個，但由於採取單一定價「100 日圓」銷售，即使是促銷商品，也以「xx 個 100 日圓」的方式出售，沒有變價、改價的需求，省下許多勞務與門市管理成本。

在展店策略上，大創百貨是以直營店為主，僅有少數委託加盟店。到 2018 年為止，大創百貨在日本已有 3,200 家店，

圖3 大創百貨熱門商品迴轉率驚人

1 秒賣出 6 個電池　　　　　3 秒賣出 1 條領帶　　　　　1.3 秒賣出 1 對假睫毛

資料來源：大創百貨官方網站

海外約 2,000 家，每年仍可增加 150 家新店，而且因應市區、商圈或郊區，設立多樣化的店型，展店如此靈活、彈性要歸因於旗下大多是直營店。

　　大創百貨會長矢野博丈有句名言：「過去是 10 個人喜歡 10 種顏色，現在則是 1 個人喜歡 10 種、甚至 100 種顏色的時代了。」他認為，當顧客對變化的需求提高了，就不能再固守標準化、規格化、系統化的連鎖思維，必須追求多元化，採取個店化的經營思維才能貼近新一代的消費者。

　　也因為如此，大創百貨不管在什麼商圈都可以開店，不同的商圈會以不一樣的店型來展開，包含招牌、商品組合、賣場規劃動線⋯⋯都沒有一成不變的制式規格。因此，可以在大創百貨看到 10 坪的小店，也有 2,000 坪樓地板面積的大店；甚至有的店內採用粉紅色色調，有的則走黑色系時尚路線。這反映出大創百貨的商圈研究能耐及執行力都很強，再加上擁有在 20 幾個國家開店

的國際化經驗，足以因應不同的商圈經營挑戰和店型創新的需求。

美國一美元商店
瞄準經常買、小量買、沒有汽車的家庭客群

美國一美元商店的定位類似雜貨店或折扣量販店，以低單價、小包裝的日用品及基本生鮮食品組合，滿足一般中低收入家庭的生活基本需求。別小看了這種小型的低價商店，它的競爭對象居然是一般的雜貨店和沃爾瑪等大型量販店，鎖定的目標顧客是周邊住宅區、每次只能購買一、二樣生活必需品的低收入族群，或是沒有汽車、無法開車到沃爾瑪等大賣場大量採購的消費者。

DOLLAR GENERAL 和 DOLLAR TREE，雖然同樣是經營銅板經濟事業，定價策略和商品組合卻不同。

DOLLAR TREE 只銷售一美元或以下的產品，是標準的一美元商店，DOLLAR GENERAL 後來逐漸調整把價格帶放寬，介於 1 到 10 美元不等，但仍比傳統雜貨店或量販店便宜了二至四成。

價格訴求對手頭很緊、價格敏感度高的低收入家庭，有強大的吸引力。而經濟不景氣時，連精打細算的中產階級也

紛紛上門消費，促使它成長得更快，市場規模愈來愈大。

　　維持全店商品一美元單一價格策略的 DOLLAR TREE，為了保持採購彈性，在美國境內採購的產品占六成，進口品占四成。除了生活必需用品以外，店內有高達四分之一的貨架，陳列的是季節性商品，如萬聖節玩具等，這一類季節商品每年為它創造了將近一半的業績。

　　此外，DOLLAR TREE 本來著重在郊區小鎮展店，以面積較大，約 2、300 坪的賣場為主。2015 年它併購了多半在市區開小型店的 FAMILY DOLLAR，適度填補了城市地區的空白，店數因此翻倍，大大地提高了議價能力與競爭力。

　　值得一提的是，FAMILY DOLLAR 成立於 1955 年，原本是美國第二大的一美元商店品牌，但因為定位不明確，有些類似便利商店和小型超市，價格帶也較廣，從 1 美元到 10 美元不等，再加上市區店的租金、人事等營業費用高，經營績效反而不如原本名列第三的 DOLLAR TREE，最後反被併購。

　　DOLLAR TREE 併購了 FAMILY DOLLAR 之後如虎添翼，不但在立地條件上互補，商品組合更有截長補短的效益。DOLLAR TREE 的強項在季節性商品，占比高達 49%，但每季至少更換四分之一的產品，被它併購的 FAMILY DOLLAR 則是以供應冷凍食品、牛奶、雞蛋等生鮮食品為主，進口商品比率僅16%，正好填補 DOLLAR TREE 商品結構上的弱點，如生活必需

品及生鮮食品等。也因此，DOLLAR TREE 更有實力與對手 DOLLAR GENERAL 競爭。

DOLLAR GENERAL 主要銷售的是非常便宜的生活必需品，再搭配少許的基本生鮮如雞蛋、牛奶等，還有自有品牌的冷凍商品。這些日常所需的民生消費品貢獻 75% 的營收，另外 25% 的營收才是來自季節性商品，像是耶誕裝飾品、家飾織品等。

在展店策略上，DOLLAR GENERAL 為了讓住在偏遠地區的低收入者可以就近購物，大部分的店都開在鄉村地區，賣場面積約 200 坪左右，不到沃爾瑪的十分之一，屬於小型商店，運營成本不高，利潤卻相當好。

不過，眼看對手透過併購快速擴大規模，積極搶食城市據點，DOLLAR GENERAL 也不甘示弱，旋即在 2015 年 11 月從私募基金手中買下 DOLLAR TREE 為符合反托拉斯法而釋出的 325 家 FAMILY DOLLAR 門市，加快腳步從鄉村包圍城市，並在紐約、芝加哥等地區，瞄準千禧世代，打造出籃球場大小（面積 100 多坪，約是標準店的一半）、具有時尚感的便利新型態店 DGX（DOLLAR GENERAL X），增加生鮮、寵物食品，也有少量的健康美妝商品，目前這一類新型店已有 300 多家。

美日商業模式比一比

VS 日本百圓商店／個人客、流行性商品為主
美國一美元商店／家庭客、生鮮或季節商品為主

　　仔細比較日本與美國的單一價折扣店，雖然都是搶攻銅板經濟的市場，但價格區間的選擇，與其店鋪管理、市場定位、產品組合和立地選擇並不相同。日本大創百貨全店商品以 100 日圓單一價為主，在提供購物樂趣、又能節約消費的定位下，降低商品頻繁上下架的勞務和成本。主力客層方面，大創百貨瞄準「個人客」，立地選擇也以流行商圈居多，呼應它訴求「發現、驚喜和樂趣」（Find、Surprise & Fun）的市場定位。

　　相較日本百圓商店經營個人客，美國的一美元商店都是瞄準「家庭客」所需展開。採取 1 美元單一價的 DOLLAR TREE，以近五成的低價季節對應商品，滿足中低收入家庭的生活趣味；反之，價格帶從 1 美元到 10 美元不等的 DOLLAR GENERAL，則是以蛋奶生鮮品及生活用品，滿足家庭客生活上最低採購的需求（表 1）。

表 1　大創百貨 vs. DOLL TREE vs. DOLLAR GENERAL 商業模式比較表

	日本	美國	
	大創百貨	**DOLLAR TREE**	**DOLLAR GENERAL**
價格策略	全店 100 日圓以下不等	全店單一價 1 美元	全店 1-10 美元不等
定位	節約 × 娛樂型製販同盟*	郊區一美元商店	鄉村型小型量販折扣店
主要客層	個人客	家庭客	家庭客
商品組合	日用雜貨為主多元性高	生活用品＋季節性商品無生鮮	基本生活用品包含少部分生鮮如牛奶雞蛋
商品特色	1. 以國外生產為主 2. 以自有品牌為主	1. 以國內生產為主 2. 全國性品牌與自有品牌皆有	1. 以國內生產為主 2. 全國性品牌與自有品牌皆有
立地	各種商圈	郊區為主	鄉村區為主
成長策略	1. 多國展開 2. 多店型切入不同商圈	併購 FAMILY DOLLAR	以新型態店進入都會空白商圈

＊指由大創開發、設計商品，交由策略夥伴生產。

資料來源：作者彙整

美國摩根史坦利的一項調查，將消費者的購物行為分成三種模式：

1. 一次採買多種大量商品。

2. 因應日常所需，採買少數品項、分量也不多。

3. 為特殊場合或節日需要而採買特殊品項。

消費者在大型量販店購物的行為模式，71% 屬於第一種。但在一美元商店中，大部分消費者的購物行為是以第二（37%）和第三種（36%）為主，其中仍有 22% 的消費者會到一美元商店進行大量採購（圖 4）。兩相比較，一美元商店更能提供消費者全方位的購物需求，也難怪即使近幾年電子商務興起，卻沒有對於這類單一價折扣店產生威脅。

美國信用評等公司穆迪（Moody's）也分析，單一價折扣商店具備了低價、便利、尋寶樂趣等成功要因，這些都是電商無法複製的。甚至於美國 DOLLAR TREE 和 DOLLAR GENERAL 不像其他零售通路一樣另闢線上通路，原因很簡單，就是低單價商品無法負擔網購配送的物流費，消費者要低價，就是到店購買，這樣的做法反倒避開了電商衝擊，持續高成長。

圖 4 美國量販店 vs. 一美元商店消費模式比較

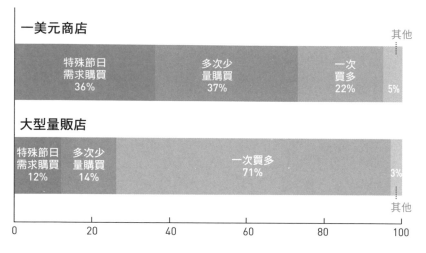

資料來源：Business Insider，2017.11.9，Morgan Stanley: There's one type of store amazon can't kill 報導/AlphaWise .Morgan Stanley Research

隨著貧富差距擴大，消費兩極化的趨勢愈來愈明顯，尤其是在台灣目前所得成長有限的情況下，單一低價策略定位的零售通路的發展潛力應該很大。台灣已有類似大創百貨、DOLLAR GENERAL 或 DOLLAR TREE 的業態出現，寶雅和金興發算是比較相近的例子。

金興發從夜市起家，目前有 14 家；已經股票上櫃、2018 年將開到 200 家店的寶雅，隨著規模擴大，近幾年不斷轉型調整經營型態，新推出的第五代店，提高美妝、餅乾零食、飲料、女性用品比例，擴大賣場通道，講究購物環境的

氛圍，希望吸納藥妝店顧客。

　　台灣的內需市場小，所缺乏的規模經濟卻正是低價折扣店的成功要件，台灣的低價折扣店能否突破「天險」，長出自己的姿態？我相信正如超市、便利商店等其他零售業態在台的發展一樣，折扣店的發展須經過數十年演變，商業模式的轉型也勢必面對陣痛，不斷的調整測試，才能找出最適商業模式。

當消費決策從「線上／線下」一刀切的
線性思考，變成「線上⇄線下」的 O
型循環，
電商和實體通路的疆界已然消失，未
來，唯有能 360 度無縫包圍消費者的
「全通路」企業才有贏面。

Part II
O 型全通路

虛實交融
零售三巨頭爭霸的決勝點

亞馬遜
美

VS

阿里巴巴
中

沃爾瑪
美

近來零售流通產業最令人唏噓的消息，莫過於 2017 年申請破產保護、2018 年正式宣佈將全美 800 間實體門市關閉的玩具反斗城（Toys "R" Us）。鼎盛時期全球擁有超過 1,500 家店的玩具零售龍頭，因不敵兒童使用行動裝置普及，實體玩具需求下降，再加上亞馬遜、沃爾瑪擁有大量商家、多元商品、宅配物流等電商優勢，造成消費者購買行為改變，70 年來深植美國人心中童年回憶的「玩具帝國」就此殞落。

玩具反斗城不只是美國人心中的童年回憶，對於許多台灣人來說，假日到玩具反斗城玩樂高，應該也是童年的記憶之一。好在美國玩具反斗城全面歇業，但台灣玩具反斗城因財務獨立計算，目前 20 幾家門市還是照常營運。

回溯玩具反斗城的發展歷程，它於 1948 年以嬰兒家具起家，拜戰後嬰兒潮所賜，1957 年正式擴大營運販售玩具，首創「玩具超市」的概念，讓一家人推著購物車買玩具，消磨假日時光。 好光景一直到九〇年代，包括大型零售商塔吉特（Target）、沃爾瑪加入玩具銷售戰局，玩具反斗城的銷量開始逐漸下滑。

電商，是壓垮玩具反斗城的最後一根稻草。以往聖誕節、感恩節假期是玩具反斗城的主力戰場，電商先以低價商品強勢橫掃了整個玩具市場，再透過不斷優化物流服務，讓廠商在假期結束前都能順利出貨，徹底打趴主要靠實體店面銷售的玩具反斗城。

消費決策的轉變
從線上／線下一刀切，變成線上⇆線下 O 型循環

　　玩具反斗城倒閉是否預示實體通路的弱勢？實體通路若未能跟上電商趨勢，是否從此會被時代淘汰？有趣的是，在玩具反斗城捱不過虧損的期間，東西電商巨擘——亞馬遜和阿里巴巴（Alibaba），卻不約而同地積極併購實體零售通路，開起實體店面，藉此串連線上 vs. 線下的各種數據以提升消費體驗。在它們的帶領之下，一股新零售浪潮立刻席捲市場，不僅其他電商業者跟進，展開併購或投資實體通路，大型跨國實體零售業如沃爾瑪、家樂福等，也與網路業者結盟，加速擴張線上購物事業。一時之間，線上線下出現前所未有的互動與整合。

　　新零售浪潮的興起，源於消費行為的改變。當線上購物已成為一般人選擇購物模式的必備選項時，通路的意義也不再等於實體店鋪。對於顧客來說，他根本不在意購物管道是從線上（電商），還是線下（實體店鋪）；吸引他的是更好的消費體驗，無論這個體驗是來自線上，或是線下。

　　對於零售流通產業的經營者來說，當顧客的消費決策從「線上 vs. 線下」一刀切的線性思考，變成「線上⇆線下」的 O 型循環，線上購物和實體通路的疆界已然消失，唯有能

360度無縫包圍消費者的「全通路」才有贏面。事實上，消費決策及其行為的轉變，影響的絕不是只有實體店面經營者，包括已經歷十餘年發展的綜合型電商平台，也開始面臨成長的瓶頸。

以中國大陸為例，過去3年網上零售額的成長速度連續下滑，預料未來每年仍會下降8到10%。再加上互聯網及行動上網的普及，為傳統電商帶來的用戶增長及流量紅利也日益萎縮，爭取用戶黏著度的成本愈來愈高（圖1），綜合型電商平台如不因應變革，恐怕難以存續，整合線上、線下、物流的「O型新零售」全通路，是電商突破「成長天花板」的活路，也是傳統零售通路避免萎縮、邊緣化的必然趨勢。

不過，「線上⇆線下」的整合串連並非易事，也沒有固定模式，以東西兩大電商龍頭——亞馬遜及阿里巴巴為例，因營運思維及商業模式不同，兩者的策略與整合行動也不一樣。

規模經濟比一比

亞馬遜／全球最大直營賣場
阿里巴巴／全方位媒合交易服務

1994年由傑夫·貝佐斯在美國西雅圖創辦的亞馬遜，由線上書店起家，現已經是全球最大的線上零售商之一，其銷售的商品包羅萬象，有如一座超級大賣場，不但如此它還提供各種影音串

圖1　中國電商市場規模與獲取新用戶成本的變化

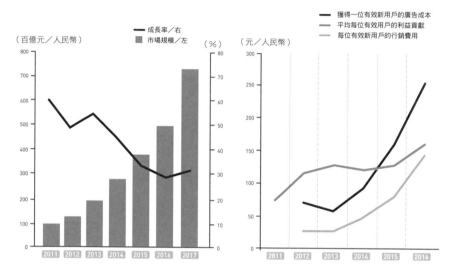

中國線上零售規模及成長率

阿里巴巴開發新用戶的成本

自2013年之後，中國線上零售市場的成長率逐年下降，但是無論是在獲得一位新用戶的廣告成本，或是每位有效新用戶的行銷費用上，自2013年起，其成本大幅提高。

資料來源：DIAMOND Chain Store，2018.3.1

流及物流服務，2018年營收約為2,329億美元，折合新台幣約為7兆元。以服飾為例，目前它所銷售的服飾產品金額，甚至已超過全美所有的百貨公司。

　　挾帶規模經濟和創新營運的優勢，亞馬遜每次出手，都對該產業和市場造成很大的衝擊與影響，有「亞馬遜效應」（Amazon Effect）之說。例如，2017年它以137億美元併

購全食超市（Whole Foods Market）的消息曝光後，幾乎所有大型連鎖超市包括沃爾瑪、好市多（Costco）、Kroger 超市等股價全都應聲下跌；甚至 2018 年 6 月，它以 10 億美元併購網路藥局 Pillpack，也導致美國大型連鎖藥局類股的股價全面下挫。

規模可與亞馬遜匹敵的綜合型電商平台，恐怕就數 1999 年在中國杭州成立的阿里巴巴了。阿里巴巴原是 B2B 的電子商務貿易平台，經過 10 餘年的發展、擴張，如今已是一個包括網上零售、購物搜尋引擎、第三方支付和雲端計算服務等的大型集團，2018 年商品交易金額（GMV，Gross Merchandise Volume）達到 4.8 兆元人民幣，阿里巴巴全集團營收則達到 2,503 億元人民幣，折合新台幣約為 1.3 兆元。

阿里巴巴的創辦人馬雲在 2005 年就提出「虛實整合」的想法，2016 年 10 月在阿里雲棲大會的演講首度提出「新零售」的概念，他認為未來 10 年、20 年，不會再有電子商務的這個說法了，只有新零售。所謂的新零售，是指結合電商、實體店鋪與物流的全通路零售，而且透過串連線上及線下的數據，精準掌握消費者的喜好與動態，讓線上和線下的購物體驗一致化。

馬雲在 2017 年阿里巴巴 18 週年慶的活動上，宣布下一個 18 年（即 2036 年）要成為全球第五大經濟體，單一集團的市值僅次於美國、中國、歐盟、日本。為什麼他敢誇下海口？因為阿里巴巴提出新零售的概念之後，吸引全球資本與資源靠攏，它也開始

陸續整合線上及線下，擴大投資金流與物流。

亞馬遜和阿里巴巴同為電商巨擘，但其核心本質卻很不一樣。亞馬遜的定位是虛擬的直營大賣場，商流以 B2C 為主，主要由亞馬遜自行進貨對外銷售，另外再加上類似商店街的商家開店平台（Marketplace）。阿里巴巴則是提供不同平台媒合交易服務，旗下三大平台各有不同的商流模式，alibaba.com 是 B2B 電子商務平台，淘寶網為 C2C，天貓網則為 B2C。

關鍵物流比一比

VS 亞馬遜／自建獨門 FBA
阿里巴巴／攜伴打造生態圈

以「直營大賣場」為核心定位的亞馬遜，採取垂直整合的策略，長期以來持續投資建構物流配送系統與進銷存資訊系統，建立起高效率的供應鏈，從採購進貨、包裝理貨、出貨、物流等作業，都不假外人之手，部分偏遠地區的配送則外包。不但在美國如此，在日本、德、英等海外市場也一樣。

這一套全方位的物流運作就是知名的亞馬遜物流（Fullfillment by amazon，簡稱 FBA），已成為它的獨門服務與優勢，使它能高效、快速、簡便地幫助各種不同規模的

圖2　貝佐斯親手繪製的亞馬遜成長循環圖

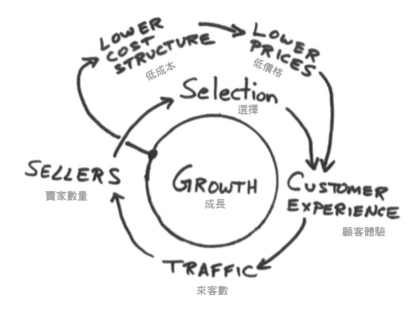

資料來源：https://insider.zentail.com/bezos-virtuous-cycle-leverage-invest-infrastructure/

跨境電商賣家做好當地市場的物流管理，並有效提升賣家商品在亞馬遜搜尋的排名。即使不是由亞馬遜進貨直營的東西，在Marketplace 開店的賣家也可以利用 FBA 的物流服務。

　　這一套垂直整合的商業模式，可追溯到貝佐斯創業之初，在餐桌上用餐巾紙親手繪下的一張成長循環圖（圖2），他深知顧客滿意有三個要件，一是市場最低價，二是快速送達，三是豐富多樣的商品選擇。所以，亞馬遜以多樣性的商品組合及低價吸引顧客購買，藉由高流量與成交量創造出規模經濟，吸引更多賣

圖 3　亞馬遜商業模式

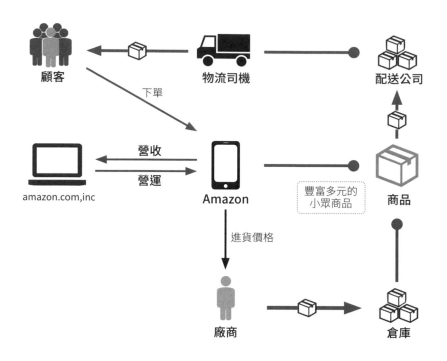

資料來源：日本 dip 網站一文「利益を出さない amazon そのビジネスモデルの秀逸な
カラクリを 表とともに解 する」（中譯：圖解亞馬遜不賺錢的商業模式），
https://tw.wantedly.com/companies/dip/post_articles/125790

家利用它的平台賣東西，讓亞馬遜能供應更多、更便宜、更
好的商品。基於這個邏輯，亞馬遜和實體零售巨人沃爾瑪一
樣，在價格策略上強調「每日市場最低價」（Everyday Low
Price，簡稱 EDLP），為了落實這個訴求，達到薄利多銷的目
的，過去 7 年內亞馬遜曾下修商品價格 30 次（圖 3）。

圖4 阿里巴巴淘寶（C2C）的商業模式

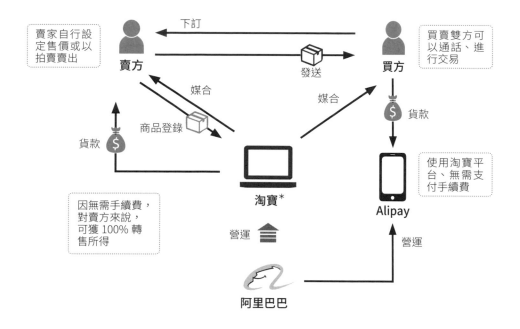

* 阿里巴巴集團各平台獲利來源不同，本圖僅以「淘寶」為例。

資料來源：日本 note.mu 網站一文「ビジネスモデル 解～アリババ集 について～」

（中譯：商業模式圖解，關於阿里巴巴），

https://note.mu/my_kyon_note/n/n482f1832f591

　　至於阿里巴巴，由於重心都是建構平台，讓企業、大小商家及個人賣家可以透過平台上架商品銷售，所以，在物流倉儲和配送方面是以資本合作的方式策略聯盟，形成一個阿里巴巴體系的生態圈（圖4）。阿里巴巴可以擁有控制權，並掌握數據，但實際營運則交還給合作方。以阿里投資成立物流數據公司「菜鳥網

絡」的模式為例，便是既可掌握數據，也能整合各方倉儲、物流、快遞業者，完成最後一哩路配送的整合。

2017 年 9 月阿里巴巴投下 53 億人民幣，把對菜鳥網絡的持股比率由原來的 47% 提高為 51%，增設區域與前置倉庫，以加快配送速度，並宣布未來 5 年將投資千億元人民幣，加強數據技術、智慧倉庫、智慧配送等的研發，希望能實現中國大陸 24 小時，全球 72 小時送達的目標。

獲利來源比一比

VS 亞馬遜／收費會員制＋雲端服務
阿里巴巴／網站交易＋金流服務手續費

以獲利來說，亞馬遜並非靠賣東西賺錢，由於強調低價，它把商品利潤壓得很低，公司主要的利潤來源是 amazon Prime 的會員年費收入以及雲端運算服務事業（amazon Web Services，簡稱 AWS）。

亞馬遜會員（amazon Prime）制度原是 2005 年亞馬遜成立 10 週年時推出的「吃到飽」式運送服務，只要付會員年費 79 美元，就可以享受無限次兩日內送達的免費服務；若沒有加入會員，大約 5 到 7 天才能收到網上訂購的商品。表面上看來，這是為了補貼縮短商品配送時間的運費成本，實際上

亞馬遜是想藉此鼓勵消費者改變線上購物行為。

剛開始由於參加會員的人數有限，亞馬遜虧損不少，好在付費會員對於快速送達的免費服務相當買單，amazon Prime 也漸漸變成一項超值服務而大受歡迎。2014 年，亞馬遜把會員年費由 79 美元調高到 99 美元，但會員的福利除了免費快速寄送服務，也增加各種數位內容的免費服務，包括快速出貨、線上觀看電影、音樂串流、借閱電子書及體驗亞馬遜的各種創新服務等。

付費會員制度成了亞馬遜創新服務的試點，同時為了開拓更多利潤，亞馬遜在影音媒體及數位內容上的投資也愈來愈大。2017 年年初，亞馬遜再度將會員月費調高 18%，由 10.99 美元調高為 12.99 美元，5 月起調高會員年費，從原來的 99 美元上漲為 119 美元。當時 amazon Prime 全球會員人數已超過 1 億人，如果這些會員全都續約，光是年費收入就有 119 億美元。研究顯示，亞馬遜會員的消費額是非會員的兩倍，顯然會員的忠誠度相當高，許多會員其實衝著觀賞免費影音及「amazon now」（幾小時之內免費快速送到家）等服務而來，由於已付了年費，便抱著「還本」的心態，更樂於使用各種免費服務，如此循環下去，黏著度自然愈來愈高。

amazon Prime 除了可以提高顧客忠誠度，也可以累積消費數據與情報，建立大數據，提供給品牌業者及供貨商用來行銷或開發商品，並透過廣告推播向用戶推薦適合的商品等，這些服務都

可以為亞馬遜帶來其他來源的收入。

為了儲存數據，貝佐斯特別成立亞馬遜雲端運算服務事業（AWS），也為其他有需求的商家提供服務。例如，亞馬遜結合雲端服務技術，在 2015 年愚人節推出的「一鍵到府按鈕」（Dash Botton），其實就是 AWS 驅動的物聯網服務，當消費者要補充生活必需品時，只要按下按鈕，就可以送貨到府。不僅如此，它還可以控制居家設備（該項服務已於 2019 年 3 月下架）。

當然，對於 AWS 來說，這些都是數據的累積。長年下來，這個部門的獲利一直是亞馬遜網購以外表現最耀眼的。以 2018 第四季季報為例，AWS 營收 74.3 億美元，佔總營收 725 億的 10.2%，其營業利益 21.8 億美元，則是佔整體利益 38 億美元的 57.4%。

可以說，亞馬遜是屬於非典型的多元零售業（MultiRetailer），主要獲利來源不是靠零售買賣，而是靠大數據及雲端運算獲利（圖 5）。

阿里巴巴做的是平台服務生意，建置平台讓買賣雙方直接交易，自己不經手商品，主要獲利來源是網站交易手續費及支付寶金流服務手續費。一旦買賣成交，買家把貨款付給支付寶，收到貨確認沒有問題後，支付寶再把款項付給賣家，阿里巴巴則從中收取交易手續費。

圖 5 亞馬遜近十年營收

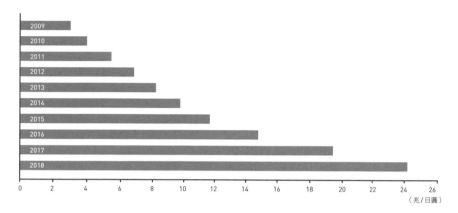

（兆／日圓）

（百萬／美元）

亞馬遜 2018 年 Q3 財報

	營收	占比（%）	營業利益	占比（%）
全球市場	56,576	100	3,724	100
北美市場	34,348	61	2,032	54
國際市場	15,549	27	-385	-10
AWS 事業	6,649	12	2,077	56

資料來源：Diamond . Chain store 雜誌，2018.12.1

　　金流服務可以說是阿里巴巴集團的一大優勢，馬雲 2005 年開始談虛實整合，最先整合的項目就是金流。2010 年他透過旗下 Alipay E-commence 收購線上付款業務支付寶，經過 8 年，這項金融業務已壯大為財金集團——螞蟻金服（簡稱蟻金），業務範圍包括支付、理財、消費金融、信評、保險、微型貸款、銀行等。2018 年 6 月，蟻金完成上市前最後一輪私募融資，取得 140 億美元資金，投入支付寶的全球化拓展及自主科技，預估其市值約

1,500 億美元,儼然已成全球估值最高的金融獨角獸,身價接近 2014 年阿里巴巴赴美公開上市創下的 1,680 億美元紀錄。

雖然亞馬遜和阿里巴巴同樣是電商,但由於核心定位、發展策略、商業模式不同,營業利益率十分懸殊。以 2017 年的數字來看,亞馬遜年營收超過 1,778 億美元,營業利益率只有 2.31%,約為 41 億美元,折合新台幣約為 1,230 億元。阿里巴巴年營收約為 1,583 億人民幣,營業利益率卻高達 30.36%,約為 481 億人民幣,折合新台幣約為 2,405 億元。

亞馬遜的營業利益偏低,主要是貝佐斯認為,亞馬遜是科技公司,不是零售業,必須持續不斷的投資物流、資訊網路等基礎建設,以提升營運效率與服務品質,即使這樣做會壓低亞馬遜每股盈餘也在所不惜。實際上,亞馬遜這些年的大舉投資,的確讓營運效率持續提升,服務項目也不斷創新,進而牢牢的鞏固市場龍頭地位。

新零售布局比一比

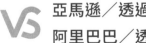

亞馬遜/透過併購、設櫃進軍實體通路
阿里巴巴/透過資本合作、自建通路雙軌並行

在新零售布局方面,亞馬遜是以投資或業務合作的方式選擇合適業態,透過虛實整合打通原本電商業務的瓶頸。

雖然亞馬遜在服飾、影音、出版等領域打敗實體零售業，但旗下生鮮（amazon Fresh）一直做不起來，2017 年亞馬遜大手筆以 137 億美元併購全食超市，就是為了切進最難經營的生鮮食品領域。

全食超市在全美約有 460 家店，因向來訴求天然有機，商品售價較高，會員多半是高所得、重視生活品質的上流階級。亞馬遜併購全食超市之後，為了吸引更廣大的消費族群，導入 EDLP 每日最低價策略，在同年 8 月宣布全面降價，並把全食超市的 365 Everyday Value、Whole Paws、Whole Catch 等自有品牌商品引入亞馬遜商城銷售，藉此拉攏更多高所得人口加入付費的 amazon prime 會員，以複製貝佐斯的成長邏輯循環，讓全食超市成為亞馬遜與實體零售巨人沃爾瑪競爭的灘頭堡。此外，亞馬遜也把 amazon Go 無人商店模式引進「全食 365」（全食超市旗下的小型有機超市），若測試成功，再導入全食超市，以加速虛實整合的腳步。

除了併購全食超市，亞馬遜也與百貨通路 KOHL'S 合作，在其門市設立專櫃，銷售原本只在網路上賣的電子書閱讀器 Kindle 及智能家用聲控助理 Echo 等，並設立退貨中心。2018 年 4 月起，亞馬遜也與美國最大的電器量販店倍思買（BEST BUY）策略聯盟，在實體通路展示網路商城的商品，這些動作都可以看出亞馬遜對於實體通路經營的積極。

表1　亞馬遜 vs. 阿里巴巴商業模式比較表

	亞馬遜	阿里巴巴
核心定位	直營大賣場	平台服務
策略	垂直整合	策略聯盟
商流	B2C 為主 （直營進貨） Marketplace （商家開店）	B2B（阿里巴巴網站） B2C（天貓） C2C（淘寶）
物流	1. 自建綜合物流中心 2. 配送採自建＆外包並行	1. 物流中心＆配送採資本合作策略結盟 2. 平台型握有控制權股份
獲利來源	1. 會員費 amazon Prime 2. 雲端服務費 AWS	1. 網站交易手續費 2. 支付寶金流服務手續費
營業利益 （2017）	2.31%	30.36%
新零售佈局	1. 選擇業態逐步進入 2. 併購＆業務合作	1. 全方位、多業態展開 2. 線下板塊投資為主；平台型自建為主

參考資料：《亞馬遜 2022：貝佐斯征服全球的策略藍圖》，田中道昭

和亞馬遜相比，阿里巴巴布局新零售的動作更多元，在進軍既有的實體零售通路上，它以資本合作為主；在平台事業擴張上，則以自建為主，雙軌並行。自 2016 年起，阿里巴巴積極進軍實體通路，先後投資三江購物、銀泰百貨、聯華超市、居然之家（生活居家賣場）、中國大陸最大的家電賣場蘇寧易購等，2017 年更以 28.8 億美元併購中國大潤發，將之改造為新零售門市（表 1）。

阿里巴巴虛實整合的兩大重要策略，一是藉由進軍實體店，開設整合餐飲、零售、電商、物流的「盒馬鮮生」，在 3 公里商圈內提供網購 30 分鐘店到宅服務的虛實整合新業態。另一方面，阿里巴巴建立了綜合流通管理平台「零售通」，提供進銷存數位管理技術，協助中國大陸 600 多萬家個人經營的小賣店轉型。

阿里巴巴認為，透過零售通、盒馬鮮生、菜鳥物流、支付寶等多元管道和工具，整合虛實通路裡進銷存的商品大數據，以及顧客購買行為的消費大數據，就能 360 度包圍消費者。

這些新零售數據的收集和分析，從阿里巴巴對菜鳥網絡的持股比率提高到 51%，成為絕對控股，並在 7 個董事席次中占 4 席的動作來看，深具戰略意義。一來阿里巴巴主要的競爭對手——京東集團自營物流相對強勢，阿里勢必要強化原本相對較弱的物流環節；二來把生活化的物流數據放上雲端，可以進一步擴大阿里雲的影響力。

實體巨人沃爾瑪的反擊

①併購電商快速彌補電商缺口
②祭出折扣增加線上交易金額
③聯盟整合搶佔北美以外市場

在亞馬遜和阿里巴巴以併購或合作方式進軍實體通路的同時，擁有超過 4,700 家賣場、全球規模最大的實體通路——沃爾瑪也非省油的燈。它在歷經一連串的測試後，逐漸摸索出實體版的新零售之道，2018 第二季線上銷售就較前一年成長了 40％。

2016 年，沃爾瑪以 30 億美元現金加上 3 億美元的股票（共約 990 億新台幣），收購新創電商網站 Jet.com，並挖角創辦人馬克 · 洛爾（Marc Lore）為其電商業務負責人。Jet.com 原本和沃爾瑪一樣，主打價格優勢，運用獨家研發出來的演算法，分析出物流和供應鏈相關成本，讓消費者結帳時享有額外折扣，進而產生「便宜」的感受。2017 年，沃爾瑪又陸續併購 5 家電商，其中包括銷售戶外裝備的 Moosejaw、鞋類電商 Shoebuy、時尚女裝電商 Modcloth、 男性服飾電商 Bonobos，藉此快速擴增沃爾瑪線上購物的商品品類，加速彌補電商業務的缺口，更希望結合這些電商的創新科技來開發新服務，為消費者節省時間和成本。

沃爾瑪在自營的電商業務上下了很多功夫，為鼓勵線上訂購、門市取貨的消費習慣，特別祭出折扣誘因、加速設立取貨的便利據點、測試員工下班順路送貨的可行性，並針對尿布、寵物食品等 200 萬件熱門商品的網購訂單，推出免繳年費即可享兩天到貨免運費的服務，同時加強推動生鮮電商。

　　此外，2017 年 8 月沃爾瑪也聯合 Google 合作開發語音購物市場，顧客可以透過 Google Home 智慧聲控向沃爾瑪訂購商品，並透過 Google Express 配送取得商品，意欲挑戰亞馬遜深獲好評的人工智慧聲控助理 Alexa。種種努力，確實為沃爾瑪創造了成長動能，帶來不少新顧客。2017 年 8 月公布的財報顯示，沃爾瑪連續 12 個季度營收成長，獲利亦優於預期，電商事業的交易金額也較前一年成長 67%。2018 年第一季營收仍持續上升，線上銷售額也比前一年同期增加 33%。

　　針對北美以外的市場，沃爾瑪也毫不手軟，2016 年起它先和中國電商巨頭之一的京東，以換股方式聯手展開虛實整合，沃爾瑪進駐京東線上平台開店。一年下來，線上銷售成績斐然，2017 年雙方擴大合作，進一步朝線上平台、線下門市深度融合前進，讓彼此的用戶、門市和庫存可以共享、資訊互通，以搶占中國市場。接著，沃爾瑪進一步出招防堵亞馬遜，在 2018 年 5 月砸 160 億美元收購印度電商龍頭 Flipkart 77% 的股權，牢牢掌握快速成長的印度市場，增強和亞馬遜一決高下的能耐。

看好日本電商市場快速成長，未來幾年市場價值將超過上千億美元，2018年初沃爾瑪在日本經營的西友（Seiyu）連鎖超市，也和日本最大電商平台樂天攜手，推出網購生鮮送貨服務，雙方並共同在美國市場販售電子書和有聲書。到目前為止，沃爾瑪的電商營收僅100多億美元，占總營收約2%，透過近幾年的各種併購、聯盟整合，沃爾瑪希望未來電商收入占比可以提高到10%。

台灣通路市場解析
便利商店，是虛實整合的最佳選擇

台灣實體商店密集、營業時間又長，購物環境十分便利，因此目前消費者買東西仍以實體通路為主。即使如此，台灣電商銷售額已占整體零售金額的12%，比起日本（5%）、美國（8%）電商的占比都還要高。另一方面，隨著台灣社會人口老化、少子化的影響，實體零售通路的銷售額成長不易，甚至面臨下滑萎縮的危機，為了生存，截長補短、互通有無、虛實整合以提升顧客服務，已是當務之急。

其實，從消費者的角度來看，不論是何種實體零售通路，都有其不足之處。以24小時營業、分布密集的便利商店為例，固然很方便，但賣場面積小，難以提供更多商品完全滿足顧

客生活所需。如果可以透過資本合作或策略聯盟，與電商平台串接數據，建立紅利點數交換等機制相互導流顧客，共享物流中心等關鍵基礎建設，不但對雙方都有利，也可以大幅降低物流配送等後端成本，提升彼此的投資與經營效益。

從阿里巴巴成立天貓小店，可以看出能完成電子商務最後一哩路的便利商店，是虛實整合的最佳選擇。全家便利商店積極開發「最後一哩」的「店取」業務，與雅虎、PCHome 合作提供網路購物、便利店取貨的業務，經過多年的發展成長迅速，如今一天的件數已高達十幾萬件。此外，全家也透過策略聯盟與業務合作方式，與合適的電商業者展開虛實整合。2015 年成立行動購物平台「91App 全家館」，嘗試透過虛實整合，提供消費者跨裝置的行動購物體驗，一年後更名為「全家行動購」，91App 也由初期的提供平台開店，發展為全家的 EC 支援商。

沃爾瑪董事長暨執行長道格拉斯‧麥克米倫（Douglas McMillon）曾說：「零售業仍在不斷演進，當消費者和競爭場景持續變化，我們必須動得更快。」的確如此，從上述案例風起雲湧的虛實整合動作，不難看出新零售的浪潮已席捲全球，台灣市場規模小，更難逃它的衝擊。然而，虛實通路各有其經營專業，若希望實現 360 度包圍消費者的全通路，須放大眼光與胸懷，以更緊密的合作，加速整合的腳步。

疆界不再
用數據賣衣服的通路戰略

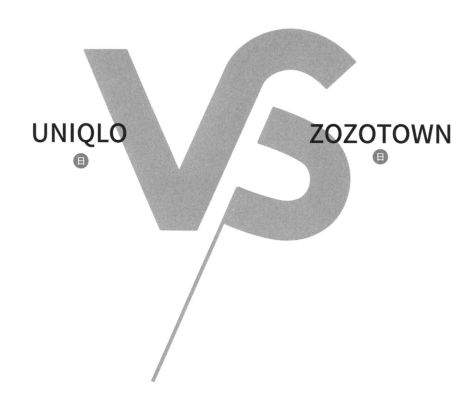

UNIQLO 日 VS ZOZOTOWN 日

根據經濟部統計處和各家企業得到的數據，過去 3 年台灣零售業營收成長都在 3% 以下遊走；四大主要零售通路——百貨、超市、超商、量販業，營業額的成長率都不到 5%，其中百貨業的成長力道最弱，2018 年成長率僅在 1.51%。

在人口負成長、高齡化的大趨勢之下，百貨公司整體產業的榮景不再，已是不爭的事實。以日本為例，因為人口負成長、高齡化，服飾市場萎縮，總營收從 2004 年的 3 兆日圓，一路下滑到 2017 年的 2 兆日圓。受到衝擊最大的，就是以賣服飾為主的通路——百貨業，營收也從 2004 年的 8 兆日圓，一路下滑到 2017 年不到 6 兆日圓（圖 1）。

然而，日本快時尚品牌優衣庫（UNIQLO）不但沒有受到影響，反而逆勢成長。2017 年營收首次突破 2 兆日圓，比前一年成長了 13.3%，營業利益為 2,250 億日圓，成長了 27.5%，創下歷年新高。另一方面，日本服飾業電商平台 ZOZOTOWN，2017 年營收 2,705 億日圓，比前一年成長了 27.6%、營業利益 326 億日圓，成長 24.3%，同樣創下新高。

為什麼日本服飾產業的總體市場下滑，UNIQLO 和 ZOZOTOWN 卻可以逆勢創高？

以素材開發見長的 UNIQLO，以 2001 年刷毛外套 Fleece（編按：刷毛保暖材質的衣物）及 2007 年推出的發熱衣，在日本造成轟動大賣，奠定了 UNIQLO 快時尚領導品牌的地位。它在 2003

圖1　百貨銷售低迷造成服飾銷售減少

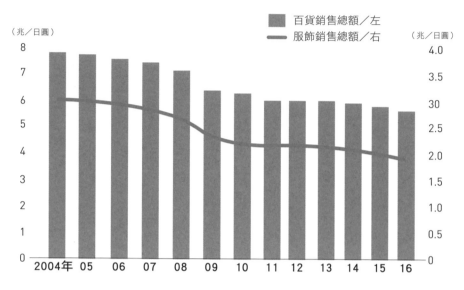

資料來源：東洋經濟，2017.9.23，引用日本百貨協會調查

年和世界最先進的纖維科技大廠東麗公司合作研發，在素材上經過長時間的共同研究，不斷的試作、修改，創造保暖、透氣、舒適的人造纖維，製成發熱衣推出後大受好評，之後又不斷的強化設計感、增加機能性。

根據 UNIQLO 自己統計，發熱衣從開發至 2017 年，14 年間累計賣了 10 億件之多，使用的纖維量總計共有 70 萬公里長，可繞地球 17 周半。

UNIQLO 從素材研究到設計、商品組合、製造生產、行

銷和供應鏈物流，以及店鋪營運管理，有一套嚴謹的 SPA（自有品牌服飾商專賣店）管理模式。SPA 原本是 1986 年由美國服裝品牌 GAP 所提出的商業模式，意指從素材開發、商品策畫、產品設計、生產製造、品管、銷售及庫存調整等，均納入企業組織內一體化管控，這種管理方式能有效的將顧客和生產聯繫起來，以滿足消費者需求為首要目標，並依據市場需求來隨時調整生產進度、商品設計方向、目標消費群及店鋪設置等，藉此達到高效的生產能力，並保障產品快速更新（圖 2）。

簡單來說，UNIQLO 採用的 SPA 管理模式是利用零售店內的 POS 系統了解市場動向，再向上連結生產線，將庫存降到最低。也就是將「顧客」與「生產者」直接相連，並針對消費者的喜好變化，進行迅速的反應與庫存管理。UNIQLO 的成功，使其和西班牙的 ZARA、瑞典的 H&M，並列世界三大快時尚製造零售業。目前 UNIQLO 市值約 5 兆日圓，僅次於 ZARA，已超過 H&M。

此外，UNIQLO 的全球化開展也獲得很大的成果，2001 年在倫敦開啟海外第一家店，到 2017 年 8 月海外店數已累計達 1,089 店，超過日本國內的 831 店；2018 年海外營收首度超過日本國內。顯示 UNIQLO 以提供機能性、基本款的自有品牌家常服為主要商品策略，逐漸得到世界各地的消費者支持。

然而，正當 UNIQLO 全球化拓展腳步加快之際，其創辦人兼社長柳井正卻在 2018 年投資人關係報告中特別強調，雖然 2018

圖2　UNIQLO 採 SPA 商業模式

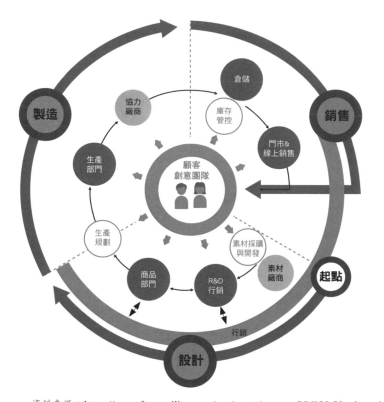

協力
廠商

倉儲

庫存
管控

門市&
線上銷售

生產
部門

顧客
創意團隊

製造

銷售

生產
規劃

素材採購
與開發

素材
廠商

起點

商品
部門

R&D
行銷

行銷

設計

資料來源：https://www.fastretailing.com/eng/group/strategy/UNIQLObusiness.html

年該集團營收突破 2 兆日圓，營業利益也創新高，但在全球
數位化浪潮中，UNIQLO 將轉型為以「數據」為主軸的數位
消費零售公司（Digital Consumer Retail Company）。他啟動
專案小組「有明計畫」，自上游原材料採購、下游行銷、販
售以及供應鏈，進行每一個環節的數位化 SPA 的全面改革。

過去是由個人經驗主導商品企劃、生產、販售的一體化控制模式，未來將在各環節間加入大數據分析運算，並在日本東京台場有明地區新建公司總部 UNIQLO City。

在這棟佔地 1.65 萬平方米的 6 層樓裡，除了 6 樓是含括商品部、企劃部、研發部等各部門協同工作的開放式空間之外，1 到 5 樓全都用於倉管物流以及模擬店鋪消費流程，希望藉由活用每日從現場收集的數據，精確掌握顧客喜好，並即時呼應這些喜好，快速進行商品開發。同時，在上下游供應鏈方面，也能和協力工廠緊密連結，建構彈性化的生產流程，以及快捷高效率的物流機制，取得更強大的競爭力。

除了在總部的設計嵌入數位零售的流程設計，UNIQLO 也利用實體店優勢，強化 O2O 虛實整合無縫接軌。例如集團內副牌 GU 於 2018 年在東京原宿開設的數位融合型次世代店 —— GU STYLE Studio，就在賣場上設置了數位面板（GU STYLE CREATOR），顧客只要用手機拍照，上傳該面板，就可以利用面板畫面進行虛擬試穿，還可以自由變化髮型、眼鏡及各種穿搭，創作自己喜歡的造型。試穿滿意的商品可馬上透過手機購買，指定時間、地點取貨，發揮虛實整合的優勢。

另一方面，顧客試穿的歷程也全都被記錄，轉化為數據回饋總部，作為商品開發、行銷使用，如此也減輕了現場試穿、摺衣、結帳等勞務。

UNIQLO 目前的電商營收占比 6%，透過數位情報武裝，及虛實無縫接軌，未來電子商務的目標為營收占比三成。

ZOZOTOWN ／日
從電商平台崛起，轉向實體生產製造

ZOZOTOWN 是日本最大型的流行服飾購物網站，成立於 1998 年，創辦人前澤友作從國中時代就開始玩樂團，高中時出過唱片，並到全國巡迴演唱，高中畢業未升學，夢想成為職業歌手。當時他進口許多歐美樂團 CD 與同好分享，之後因為數量太多，就成立貿易公司進口 CD 型錄販賣，銷售業績相當好，後來索性退出演藝圈，將 CD 線上銷售事業轉型為經營服飾電商。

目前 ZOZOTOWN 平台上有 1,139 家服飾廠商、6,820 個品牌，因人氣品牌聚集，足以讓客人有更多選擇，提供一站購足的服務。2018 年平台交易金額高達 2,705 億日圓，市值超過 1 兆 2 千億日圓，是百貨龍頭三越伊勢丹的兩倍多，可見其電商事業的成功。

ZOZOTOWN 的成功關鍵，在於客層定位清楚，它以 25 到 35 歲的年輕人為目標，其中女性顧客近七成；近八成顧客是透過行動裝置購買（圖 3）。它並進一步利用年輕族群

圖 3　ZOZOTOWN 女性顧客近七成；八成顧客使用手機購買

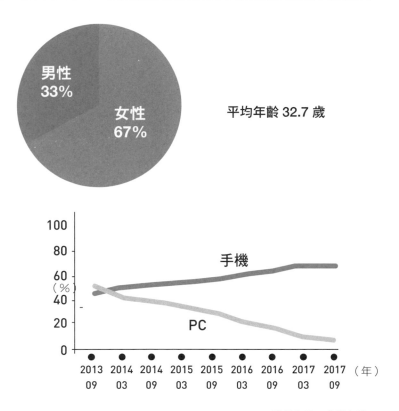

平均年齡 32.7 歲

資料來源：東洋經濟，2017.9.23

愛分享時尚品味的心理，開發穿搭時尚 App——「WEAR」，目前下載次數已超過 900 萬。這款時尚 App 主要是透過模特兒、網紅、消費者影音上傳分享穿搭經驗，同時可協助顧客選擇、購買該商品。2015 年光靠「WEAR」帶入的年營業額高達 120 億日圓。

在經營上，ZOZOTOWN 仿效亞馬遜自建電商基礎建設，包括系統、物流中心等均是自己建立不外包，雖然前期投入大量經營資源，但也因此確保商品正確且快速送達。

ZOZOTOWN 獲利的主要來源，是向賣方收取 28% 售價的高額手續費。雖然手續費很高，但對服飾廠商來說卻很方便，例如 ZOZOTOWN 的物流中心內常駐攝影師、模特兒，只要新商品一入庫，就可立即為廠商製作最人性化、易操作的商品網頁，之後包括商品寄庫、出貨包裝和配送，ZOZOTOWN 都可以完全包辦。也就是說，服飾廠商只要負責把商品入庫，之後的電商流程，ZOZOTOWN 都可以幫你一手搞定，因此許多人氣品牌也樂意與之合作，減輕自身在電商營運上的人力、物力（圖 4）。

累積龐大的消費者之後，ZOZOTOWN 在 2017 年 11 月跨入「量身訂做」基本款服飾的製造生產，正式從虛擬通路走入實體生產領域，在日本引起很大的話題。它的自有品牌（PB，Private Label）取名為 ZOZO，日文讀音與「想像」和「創造」相似，顧客只要穿上 ZOZO 特製的量身衣（ZOZOSUIT）並下載 App，用手機拍攝上傳，公司即可取得顧客尺寸數據，以量身訂做、客製化的方式生產專屬於你的合身西服。

ZOZO 客製化西服推出後在服飾市場造成大轟動，

圖 4　ZOZOTOWN 的商業模式示意圖

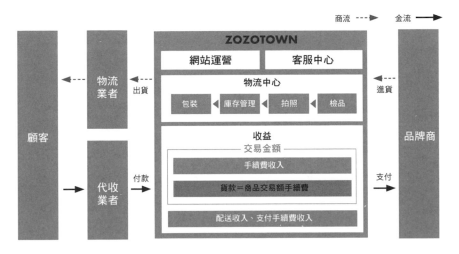

資料來源：https://corp.zozo.com/en/ir-info/management-policy/business-model/

訂單不斷湧入。在《日經 MJ》2018 年度熱門商品回顧中，ZOZOSUIT 獲得服飾商品的「橫綱」（首獎），並得到該年度的最優秀獎。不過，由於 ZOZO 沒有服飾生產經驗，原本是委由中國及越南廠商製造，沒想到因訂單眾多、供不應求，原定 2 週內交貨，卻拖延至 2 個月，造成嚴重客訴。

為此 ZOZO 在日本千葉建立自有生產工廠，強化生產體制，以改善供貨。同時，ZOZO 在 2018 年底推出機能性、基本款的自有品牌──ZOZOHEAT 發熱衣，正面迎戰實體服飾通路大哥 UNIQLO 的發熱衣品牌 HEATTECH。

不僅是發熱衣，藉由 ZOZOSUIT 收集到的顧客身形、尺

表 1　ZOZOHEAT 和 UNIQLO 發熱衣大 PK

	ZOZOHEAT	HEATTECH
定價	¥990 含稅	¥1,069 含稅
促銷價	¥790 含稅	¥853 含稅
吸濕發熱溫度	2.9℃	2.5℃
尺寸規格	1,000 size 以上	8 size

資料來源：ZOZOTOWN 官方網站

寸，透過大數據分析，再開發出一系列的平價襯衫、T 恤、牛仔褲。顧客不需要量身，僅需輸入身高、體重、年齡、性別，系統會自動計算最適規格，其自有品牌的尺寸規格多達 1,000 多種，比一般成衣的 L、M、S 更符合身材，價格則比 UNIQLO 還低（表 1）。

　　ZOZO 的服飾革命三部曲，從買衣服（ZOZOTOWN），到選衣服（WEAR），進入製衣服（ZOZOSUIT），完全顛覆服飾業的經營生態。ZOZO 2019 年自有品牌商品的營收目標是 200 億日圓，2020 年要翻四倍成長到 800 億日圓，2021 年的願景則是翻三倍成長到 2,000 億日圓，不僅要在日本上市，更要走入全球市場（圖 5）。

　　ZOZO 也宣布公司營運未來將轉變為以快時尚為主體，

圖 5　ZOZO 服飾革命三部曲

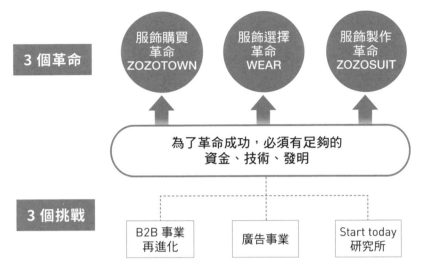

資料來源：zozo 2018.11 季報

進一步挑戰 10 年內公司市值成長 5 倍至 5 兆日圓。從服飾電商平台挑戰自有品牌，ZOZO 是否能夠華麗轉身？

　　從該公司 2019 年 3 月剛決算的財報顯示，自有品牌的營收因生產問題只能達到 30 億日圓，還不及年度目標的二成；但投入的龐大開發費用，導致今年度營業利益衰退 12%，連帶全集團全年純益目標也將從 280 億日圓縮水為 178 億日圓。從媒體發布的最新消息來看，ZOZO 想由虛入實，恐怕還有漫漫長路要走！

表 2　UNIQLO vs. ZOZOTOWN 商業模式比較表

	UNIQLO	ZOZOTOWN
企業定位	製造為主的實體通路	虛擬電商平台
市場布局	全球化	日本國內為主
客層	全年齡	25 歲 -35 歲女性為主
服飾類型	基本款	時尚為主
轉型策略	從線下轉向線上 虛實整合	從電商通路平台 轉向實體製造

資料來源：作者彙整

從業務缺口找「第二隻腳」
朝 360 度無縫包圍消費者的境界邁進

UNIQLO 和 ZOZO，這兩家企業同樣在日本服飾業衰退之際仍不受影響，甚至業績創新高，面對未來也同樣選擇了自我顛覆，挑戰完全不同的領域，這正是企業的永續經營之道。放眼世界各行各業，大凡有高度企圖心的企業，都會趁著企業體質正好時力圖轉型，尋找永續成長的動能（表 2）。

UNIQLO 決定從製造零售業轉型為數位消費零售公司，電商銷售構成比將從目前的 6%，未來挑戰 30%。ZOZO 則是從電商平台走向自有品牌服飾的製造和零售，大膽挑戰 3

年內自有品牌商品銷售達 2,000 億日圓、10 年內市值 5 兆日圓的目標。

這印證了在高科技日新月異、消費行為快速變動的時代，過去成功的商業模式，不一定是未來永續發展的保證，轉型固然不一定會成功，但只是坐待時機而不行動，必定不會成功，更無法找到未來的成長動能。

找到企業未來的成長動能，可以聚焦、也可以多元，表面上看來這兩家企業成長方向不同，但都是從自己的業務缺口中找到「第二隻腳」，朝 360 度無縫包圍消費者的境界邁進。所以，UNIQLO 的強項是實體通路，它要補足的是電商這一塊；反之，ZOZO 的強項是電商平台，它要挑戰的則是實體製造。

從 UNIQLO 和 ZOZO 的發展思考，全家便利商店作為一個食品零售通路，現在的業務缺口是什麼？這其中是否也潛藏了未來的成長動能？此外，若從 ZOZO 的轉型策略來看，虛實整合的範圍其實可以更深入，不僅是開設實體店，經營通路而已，更可能是產銷合一，直探製造源頭，甚至若以消費數據切入製造生產，更能切中顧客需求。

誠如 UNIQLO 社長柳井正的名言「一勝九敗」，企業唯有不斷的挑戰創新、從失敗中學習、避免犯致命的錯誤，才能永續成長，在學習成功企業商業模式的同時，更要汲取它們勇於創新、勇於革自己命的文化。

無論是從傳統超市轉型的「餐飲超市」，或是在生鮮電商、美食外送以外另闢戰場的「下廚懶人包」（Meal kits），
其背後的意義是，在全通路時代，即使業態不斷變化創新、更迭汰換，唯有舌尖上的滋味不會被虛擬化。

Part III

流通新業態

餐飲超市 Grocerant
複合經營的新型態超市

流通新業態

餐飲超市
Grocerant

Wegmans
AEON STYLE
盒馬鮮生

威格曼斯
Wegmans
(美)

永旺集團
AEON STYLE
(日)

盒馬鮮生
(中)

零售流通業是每天與人接觸的產業，必須與時俱進。根據我 30 多年來的經驗和觀察研究，不論是 1930 年代出現的超市，1950 年代開始發展的便利商店，或是 1970 年代興起的量販店，都是隨著人口結構、生活型態的改變而不斷調整進化。大約每 10 年，就可以看出一個大波段的變化軌跡，我稱之為產業「浪潮」。

　　早期零售流通業的發展較為線性，區隔也較明顯，以超市、便利商店、量販店三種業態為例，原本因訴求的客層不同，商品品項數、賣場面積和營運時間、立地也明顯不同，但近 10 年來，這三種業態之間的區隔逐漸模糊。超市和量販店在都會區開出便利小型店，而便利商店則是致力於複合化經營，擴大賣場面積。

　　不但如此，這三種民生消費零售通路也掀起一股跨業複合的浪潮，其中最突出的就是結合日用雜貨（Grocery）與餐廳（Restaurant）的餐飲超市（Grocerant）。這一波產業新浪潮大舉打破業態疆界，也再次宣告只有貼近顧客需求，勇於變革才是王道。

　　「餐飲超市」，基本上仍以超市為核心，具備超市的所有機能與完整的商品組合，販賣各種生鮮食品和日用雜貨，但增加了餐廳、輕食吧、咖啡館等空間，讓顧客可以買、逛、吃、喝、社交聯誼，一站購足。這種新業態的出現與社會人口結構老化、生活型態改變、電子商務崛起、不同業態的零售通路瓜分食品消費市場有關，種種外力的擠壓，促使超市必須再造重整，以嶄新多變的面貌吸引消費者。

是超市，更是餐廳！
呼應「老化的嬰兒潮世代」和「忙碌的千禧世代」

「餐飲超市」在美、日地區發展約 10 年，不僅更貼近現代人的生活型態，也是虛擬通路無法取代的體驗型消費，因此大行其道，成為超市業面臨競爭壓力的新解方，吸引許多業者積極投入。美國大型連鎖超市如威格曼斯（Wegmans）、全食超市（Whole Foods Market）等都是這波「餐飲超市」新浪潮的領頭羊。。

「餐飲超市」主要為呼應嬰兒潮世代的老化（1946~1964 年出生的人口，現約為 55~73 歲），以及千禧世代（1980~2000 年出生的人口，現約為 19~39 歲）的生活型態與消費需求而演化。透過消費行為資訊分析，老化的嬰兒潮世代和生活忙碌的千禧世代，這兩大族群都想追求便利與優質的飲食，卻不想花太多時間料理。以美國威格曼斯超市為例，它主要鎖定的消費客層就是千禧世代、嬰兒潮世代這兩大族群以及商務客。

千禧世代大多為年輕的雙薪家庭或單身的上班族，生活忙碌、工作壓力大，喜歡嘗鮮體驗新事物，重視休閒生活及美食，卻又怕麻煩。嬰兒潮世代的熟齡消費者，重視健康，但精力有限，期待能方便省力的解決飲食問題，而且希望附

流通新業態

餐飲超市
Grocerant

Wegmans
AEON STYLE
盒馬鮮生

近能有合適的用餐場所，可以就近外出社交。至於經常旅行在外洽公的商務客，吃膩一成不變的外食，則是希望可以無負擔的變換口味。

威格曼斯超市以選擇性多、自主性高、價格惠而不費的餐飲服務投其所好，吸引不同的消費族群經常上門用餐，連帶也提高超市內生鮮食材及其他關聯性商品的消費，拉近超市和餐飲業的差距，有效將兩者整合運作。上門的顧客不但能採購生鮮食品，還能享受到現場烹調、價格平實又美味的餐點。最重要的是，餐點使用的食材、調味，全都取自超市所販賣的商品，顧客品嚐覺得滿意之後，自然帶動超市內的食品及相關產品的銷售，增加消費頻率與客單價，進而提高超市的營收與利潤。

根據美國知名市調公司NPD（National Purchase Dairy）分析，從 2008 年到 2016 年，「餐飲超市」的來客數就高達 24 億人次，來客數成長 30%。2016 年餐飲超市的年營收已達 100 億美元，相當於新台幣 3,000 億元。2019 年 9 月，美國主要超市及日用雜貨業者，還在芝加哥舉行餐飲超市產業高峰會議，積極探討如何爭取更多外食商機，並鞏固超市本業。

2018 日本熱門趨勢
爭取「外食」消費，超市業挽回頹勢的新契機

繼美國開始發展餐飲超市之後，近年日本、中國也開始跟進。不過，由於社會環境、產業背景結構、消費生活型態有別，「餐飲超市」浪潮在美國、日本、中國三地的崛起、演進過程和商業形貌不盡相同。相較於美國「餐飲超市」的成熟發展，日本的「餐飲超市」浪潮雖然剛啟動，卻來勢洶洶。《日經 TRENDY》雜誌 2018 年初所發佈的當年度熱門流行趨勢中，排名第四的正是「Grocerant」！以報導流通外食等產業趨勢的《日經 MJ》報紙，也在 2017 年 9 月 27 日以頭版頭條特別報導「餐飲超市」的經營與發展，視之為超市業挽回頹勢的新契機。

日本食品零售市場有所謂「內食」（料理自烹）、「中食」（外帶熟食）、「外食」（在餐廳食用）之分。日經 MJ 估計，「內食」的商機最大，為 32 兆日圓、「中食」為 10 兆日圓、「外食」為 25 兆日圓。過去 10 年，這個生態卻有了明顯改變。

在少子化、人口高齡化及雙薪家庭增加的多重衝擊下，內食的消費動能逐漸萎縮，原本超市的強項就是生鮮，「內食」是其消費主力，自然深受影響。再加上其他通路也跨界賣起生鮮食品，例如來自九州的科摩思（COSMOS）藥妝店，

流通新業態

餐飲超市
Grocerant

Wegmans
AEON STYLE
盒馬鮮生

圖 1 日本食品零售業規模 (1991~2014)

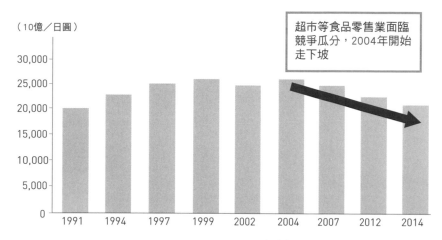

資料來源：IT media business, 2017, 9, 13

食品銷售占比就超過 50%。就連美國網購電商 amazon Fresh 也積極投入日本的食品零售實體通路，超市業的生存空間遭受多方擠壓，2004 年之後，總體營收持續下降（圖 1）。

　　為了挽回超市業的頹勢，永旺集團旗下的 AEON STYLE、Lawson 集團旗下的成城石井超市、伊勢丹集團旗下的超市等，除了強化「中食」市場的外帶熟食、即食食品，近幾年也紛紛嘗試改裝成「餐飲超市」店型，提供現點現做的餐點，並在賣場內闢出共用座位區，爭取「外食」消費。

　　例如，成城石井超市在東京郊區的京王調布店，一家店才200 坪，就設有 18 坪左右的餐廳區。AEON STYLE 則以引進大

餐廳品牌的概念，把超市熟食區與用餐座位區巧妙融合，方便顧客點用選購，提供更人性化的美食體驗經驗。這種新型態的超市在日本深受忙碌的上班族、職業婦女和銀髮族喜愛，一時之間蔚為風潮。

同樣是「餐飲超市」，在不同的市場，業者採取的策略及運營的商業模式也會有差別。我以美國東岸的威格曼斯和日本永旺集團旗下的 AEON STYLE 兩家企業為例，進一步探究其商業模式。

威格曼斯 Wegmans ／美
打造住家和辦公室之外的「第三空間」

有 102 年歷史、連續 20 年在美國消費者滿意度調查中（ACSI）被評為「最佳超市」的威格曼斯，是美國餐飲超市的佼佼者。

威格曼斯從美國東岸起家，目前店數僅 95 家、營收不過 85 億美元，卻拿下 2018 年「全美消費者最愛超市品牌」的第一名，在哈里斯民調（Harris Poll）中也超越蘋果（Apple）和 Google，成為全美聲譽最高的企業。

威格曼斯素以「對顧客友善」聞名，但它在即食（Ready-to-eat）、熟食（Ready-to-heat）的外帶服務方面也

流通新業態

餐飲超市
Grocerant

Wegmans
AEON STYLE
盒馬鮮生

札根已久，這也成為它發展「餐飲超市」的根基。

　　威格曼斯經營「餐飲超市」的概念是提供多用途用餐空間，定位為家和工作場所之外的「第三空間」，成為附近民眾的聚會所或是公民會館，顧客不論買東西、吃東西，隨時都會想到它。

　　以位於紐澤西州橋水鎮（Bridgewater）上的威格曼斯為例，一樓是超市，二樓整個樓層都是餐飲區，隔成餐廳、咖啡館等幾個不同的用餐空間，裝潢明亮時尚，座位寬敞舒適；也有超市專屬廚房的廚師每天新鮮現做具餐廳水準的食物，而且定價相當平實，比一般餐廳的消費金額至少便宜三分之一到二分之一不等。顧客也可以買超市現成的熟食在此開放空間享用。

　　威格曼斯打造的「第三空間」，和一般購物中心的餐飲區（Food Corner）或美食街（Food Hall）最大的差異在於，以往購物中心的主要商業模式是將樓面積轉租給不同的餐廳業者，當房東收租金；威格曼斯則運用以下三種不同的模式，建構「餐飲超市」的吸引力。第一種為超市內暢銷品的延伸。例如，超市內中央廚房每天製作的沙拉或義大利麵、披薩如果賣得非常好，就在賣場內另闢專賣店開一家沙拉吧或義大利料理餐廳，以現點現做的方式供應，如果顧客想回家自己做，也可以在超市買到同樣的食材、調味料等，並提供食譜給顧客參考。第二種模式是找名店進駐開店；第三種則是引進名廚來超市開店。所有餐點價格都只有一般餐廳的一半。

流通新業態

餐飲超市
Grocerant

Wegmans
AEON STYLE
盒馬鮮生

　　威格曼斯的差異化策略是以自身超市經營為主，透過強勁的資訊系統收集數據，分析篩選出原本就深受歡迎的暢銷外帶即食（Best sell deli）及其主要消費客群，再進一步延伸到餐飲服務。目前在其大本營紐約州、紐澤西、賓州等地區，都已提供現點現做的多樣化餐飲服務，甚至發展出好幾家自營餐廳品牌，包括休閒餐廳 Next Door、專作漢堡的 The Burger Bar、餐酒餐廳 The Pub 及義大利料理餐廳 Amore 等。

　　除了餐飲口味和價格定位十分「親民」，威格曼斯「餐飲超市」最大的特色是讓不同族群的人各得其所、各取所需。餐廳內設置有一人用餐座位，也有多人聚餐的區域，甚至有包廂可以讓公司行號舉行商務聚會或家庭派對等，並設有兒童遊戲區。更特別的是，這些餐廳不禁止帶外食，顧客除點用餐廳內的食物，也可以買超市的熟食、酒、飲料或其他外食進來，成功打造一個除了住家和辦公室以外的「第三空間」。

永旺集團 AEON STYLE ／日
以生活提案搶進「中、外食商機」

　　在日本餐飲超市的風潮中，永旺集團旗下有 400 家店的 AEON STYLE 表現相當積極，根據商圈特性與需求，全面朝向新型態的「餐飲超市」店型進行改裝，預料此舉也會刺激日本超市業的加速轉型。

　　以大型量販店佳世客（Jusco）起家、進而發展購物中心的永旺集團，經歷過大型量販店由盛而衰的慘痛經驗，深知「不創新就等死」的市場法則。2013 年底開幕的永旺海濱幕張購物中心，率先以「生活提案」的角度規劃出結合超市與餐飲功能的新 AEON STYLE，而後陸續展開全日本 400 家店的改革創新。

　　AEON STYLE 的策略是透過業態創新活化商機，改造的手法是在既有空間中調整、重組，加入新的元素，以「店中店」的方式強化餐飲消費及社交聯誼功能。最先改造的據點是以位於地鐵站旁、交通流量大，附近有住宅區的賣場開始，調整空間配置，新增座位區以及現點現做的餐飲服務，以提高顧客好感與黏著度，爭取中食和外食的商機。

　　以其位於東京迪士尼附近的新浦安 MONA 店為例，賣場面積約 300 坪，但因鄰近新興住宅區，500 公尺商圈範圍內的人口數達 1.2 萬人，且地點又位在 JR 線浦安地鐵站旁，附近工作的固

定消費人口約 9,000 人，浦安站每天進出的乘客更多達 11 萬人，這種大量人潮流動的地點，中食、外食需求相當可觀，強化熟食和餐飲的功能勢在必行。

有鑒於此，AEON STYLE 把賣場三分之一的空間規劃為開放式的用餐座位區，以 3、40 歲的女性上班族、高齡者、單身族及通勤族為目標對象，提供更多外食選擇。新浦安 MONA 店用餐區的座位規劃約 100 個，環繞周圍的是各式現點現做的餐廳美食及熟食陳列區、自助咖啡、甜點區和酒吧區、酒品區等，品項十分豐富。

其中包括以石窯現烤的披薩、沙拉專賣店，日本有特色的飯糰專門店 HONOMI 也有進駐，以品牌專櫃方式呈現，訴求「吃得健康又美麗」。品牌專櫃前也有做好的現成熟食供內用或外帶，價格相當實惠。以披薩為例，十種選項的售價從 400 到 900 多日圓不等；沙拉吧提供豐富的菜色與配料，可以自行挑選組合，售價約 1,000 日圓。

鄰近品牌餐廳專櫃區的是油炸物、小菜之類食用頻率高的熟食區，再往賣場內走，就是生鮮蔬果區和其他食品、日用品區，方便顧客直接購買食材。此外，超市還提供食譜，方便顧客回家料理，希望能以外食、中食帶動內食的銷售。酒吧區則和酒品陳列區相連，只要花 300 日圓就可點一杯葡萄酒，雞尾酒約 1,000 日圓，還有精釀啤酒等多種酒類可供

流通新業態

餐飲超市
Grocerant

Wegmans
AEON STYLE
盒馬鮮生

選擇，也提供餐酒搭配的小菜、起士、火腿等點心，提供附近上班族一個下班後、回家前的休閒好去處。

AEON STYLE 新浦安店，因為鄰近車站，人潮流動可觀，改裝前便當壽司等熟食外帶就賣得很好，銷售占比高達營業額的35%，比一般超市熟食平均占比的 25% 超出許多。改裝後，它既增加了餐飲服務功能，熟食品項也大幅提高，商品更為豐富，果然獲得消費者的認同，熟食的銷售業績比原來成長一倍，生鮮食材的業績也明顯增加，顯示導入外食餐點服務之後，顧客滿意度提高，連帶店內的中食、內食產品銷售也跟著上揚（表 1）。

表 1　威格曼斯 vs. 永旺集團「餐飲超市」商業模式比較表

	威格曼斯 Wegmans	永旺集團 AEON STYLE
策略	差異化	業態創新
定位	第三空間	
店型	複合店	店中店
客層	個人用餐／家庭聚餐／商務聚會	個人用餐為主，特別是30-40 歲女性
主力商品	1. 從超市熱銷 Deli 即食品中，發展為餐廳主力料理 2. 超市即食品是中央廚房製作，餐廳主力料理為現點現做	1. 選擇易於現做的菜色，例如披薩、沙拉、咖哩飯、三明治等 2. 現點現做 + 外帶即食 + 外帶熟食
特色	**一站購足 vs. 吃喝由你** 1. 不禁止帶外食，餐廳中也可吃超市販賣的東西或者自己帶的東西，價格較一般餐廳便宜一半 2. 打造住家和辦公室以外的「第三空間」，讓不同族群各得其所	**品牌專櫃多 vs. 食物種類多** 1. 有即食、熟食、現點現做等多種品牌和商品可供選擇，現點現做的價格略高於外帶即食 2. 設置開放式的集合座位區（類似百貨賣場設立的小吃街）
效益	提高超市的集客力和黏著度	搶進中食、外食消費，帶動內食銷售
KPI	1. 來客數 2. 關聯購買	1. 熟食銷售量 2. 食材 vs. 生鮮銷售量

資料來源：作者彙整

盒馬鮮生／中
結合新零售的跳躍式創新

除了日本，中國大陸也開始積極擁抱餐飲超市的新浪潮。相較於美、日超市業以循序漸進的方式發展演化，中國的「餐飲超市」則是結合新零售的跳躍式創新。

這股創新動力來自網路平台巨擘整合虛實、啟動 O 型全通路浪潮的迫切需求，它們融合中國特有的消費習性與市場環境，鎖定日常生活中最不可缺少、也無法虛擬化的「食」，打造虛實整合的捷徑，將生鮮食品超市結合線下餐飲、線上電商和外送服務等元素，甚至納入無人商店、AI 智慧服務的概念，開創出特有的新零售商業模式。包括阿里巴巴旗下的「盒馬鮮生」、騰訊投資的永輝超市「超級物種」、京東「7FRESH」等都是這波新浪潮的領頭羊，雖然成立不久，卻大受消費者歡迎。

以「盒馬鮮生」為例，原本它強調的不是超市，而是電商體驗店，但經過不斷修正升級後，借用餐飲超市的概念，以「吃」為定位，打造出結合超市、菜市場、外賣、外送、餐廳、倉儲等多重功能的新型態通路。

盒馬鮮生主打中菜現炒、海鮮現購代客料理（外加 15 到 30 元人民幣）等賣點，消費者除了挑、選、逛，也可以立即嘗鮮。最特別的是，整合線上及線下的配送服務，3 公里、30 分鐘內可

宅配到府。同時，透過收集這些消費數據，找出消費者每天需要的剛性需求，將之結合成更具競爭力的商品組合。

京東 7FRESH 則是由電商平台進軍生鮮食材及餐飲實體通路的複合經營模式，例如京東 7FRESH 內的水產商品區，也緊鄰著餐飲區，顧客買了海鮮之後，可以直接在餐飲區烹飪現吃，調理加工費從 3 到 98 元（人民幣）不等。

生鮮現買、代客烹調，這樣的經營模式讓人聯想到結合新鮮海產與餐飲服務、位於台北的「上引水產」，或是附設餐飲座位區或餐廳的大型量販通路。但嚴格來說，這些模式和「餐飲超市」的定義還有段差距。至於台灣的連鎖超市業者，雖然已經開始積極發展熟食，卻仍有許多挑戰待克服，對於這一波餐飲超市的新趨勢多採觀望態度。

的確，以台灣的商業環境，「餐飲超市」的概念不一定完全適用，但是從這一波浪潮的崛起，再一次印證零售輪理論（The Wheel of Retailing Theory），也就是任何零售業態都有生命週期，而且愈轉愈快，業態創新的腳步必須更加快速。

其次，超市業擁抱餐飲業，拓展新市場又鞏固本業。而線上生鮮電商網路經營實體超市兼餐飲，還提供外送宅配，顯示業態界限只有愈來愈模糊，跨界整合是未來零售流通業生存競爭的關鍵。

流通新業態

餐飲超市
Grocerant

Wegmans
AEON STYLE
盒馬鮮生

第三、同中求異，大型連鎖由標準化趨向單店經營化，並以商圈顧客的滿意度為最大目標。不論是威格曼斯或 AEON STYLE 都證實了，零售業不可能再像過去一樣，一味追求一致性、標準化的大量複製。連鎖食品通路在追求規模經濟與供應鏈綜效的同時，更要保持靈活的彈性，根據商圈特性及目標客層的需求，適度調整商品和餐飲服務的組合及賣場規劃陳列，如此才能在個別商圈有勝算，進而追求整體的成長。

　　全家雖然不是經營超市，但同樣可以參考上述案例的經驗，視商圈特性導入現做調理的日常食，滿足消費者的外食需求。例如 2018 年 3 月全家與韓國炸雞第一品牌 bb.q CHICKEN 合作，在部分門市測試現點現做的調理複合店，就是針對日益成長的外食需求而展開，不僅可以讓門市內的餐飲座位區效益提升，並可帶動來客數及營收成長。如果成功了，也可以說是一種 Grocerant 的變形吧！

下廚懶人包 Meal kits
「時短」商機 DIY 食材箱

流通新業態

下廚懶人包
Meal kits

Blue Apron
HelloFRESH
Oisix

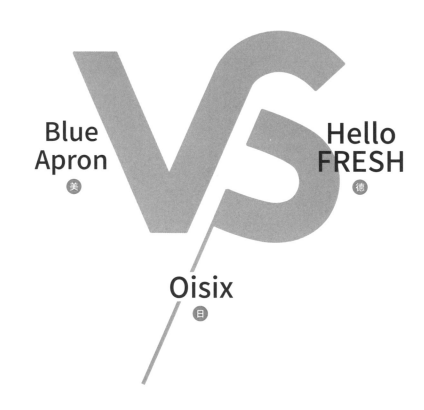

流通業態的創新浪潮大多從美國開始，然後發展到日本，再延伸到其他亞洲國家，台灣也大多是學習日本企業的做法。餐飲超市的新浪潮是如此，下廚懶人包（Meal kits）這個新趨勢的發展路徑也是如此。

「下廚懶人包」可以說是來自現代人生活型態改變下的產物，尤其是雙薪家庭想自己煮一餐來吃，下了班卻根本沒有時間到菜市場買食材，遑論回家還要洗菜、切菜、備料……這種「沒時間」的生活型態，日本稱之為「時短」，於是把洗淨、截切處理後的食材、調味料、食譜，直接包裝成箱、宅配到府的「下廚懶人包」應運而生，讓忙碌而無法花太多時間料理三餐的雙薪家庭，也可以輕鬆愉快的和家人一起享用自己烹調的美食。

進化版「內食」
節省採買、備菜時間，大量減少廚餘

以我自己來說，外食機率佔三餐的 50%，而根據調查一般台灣民眾的早、午餐約有七成外食，晚餐有三成外食。面對愈來愈多的外食人口，餐飲市場的競爭有多激烈無須贅述。

一般來說，日本食品流通業者將三餐的消費型態分成：「外食」（Ready-to-eat），如大戶屋、鬍鬚張等餐飲業者提供的餐飲服務，點餐後在店內享用。第二種是「中食」（Ready-to-heat），

如便利商店的便當或超市、傳統市場販賣的冷凍水餃，消費者可以外帶即食或在家裡簡單復熱。第三種是「內食」（Ready-to-prepare），也就是消費者買菜回家，自己料理烹調。新興的「下廚懶人包」可以說是一種「進化版的內食」（Ready-to-cook）。

這三種食品流通消費市場，原本切割得很清楚，各有要角和業態盤據，但包含洗淨、截切處理後的食材、調味料、食譜的「下廚懶人包」，不但幫消費者節省採買、備菜的時間與工夫，也大量減少了廚餘量，更適時滿足消費者偶爾也想要 DIY 自己煮的需求和樂趣，因此在美國率先推出後備受歡迎，銷售數據快速攀升。

根據 AC 尼爾森 2018 年公布的美國生鮮食品市場調查顯示，消費者在「下廚懶人包」、「美食外送」、「生鮮電商」的花費，成長幅度高於大賣場、超市、便利商店、餐廳、速食店、雜貨店等傳統通路，其中又以「下廚懶人包」的成長率最為驚人，比成長幅度第二的「美食外送」高出三倍之多（圖 1）。

美國的「下廚懶人包」風潮，由 Blue Apron 帶起，再加上來自德國的 HelloFRESH 自 2012 年崛起，兩者聯手炒熱市場之後，到 2016 年市場規模已擴大到 15 億美元，2017 年更出現爆炸性的三倍成長，達到 50 億美元。

流通新業態

下廚懶人包
Meal kits

Blue Apron
HelloFRESH
Oisix

圖1　美國 Meal kits 消費金額成長大幅領先其他新興業態

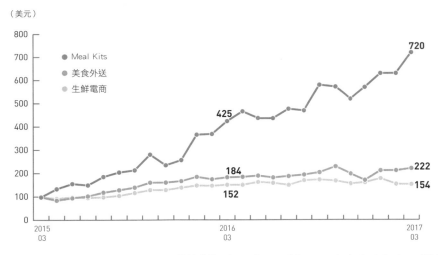

（美元）

資料來源：https://www.nielsen.com/us/en/insights/news/2018/
meal-kit-mania-innovation-for-foodies.html

　　市場研究機構 Technavio 更預估到 2022 年，「下廚懶人包」
產業將再成長 2.2 倍！眼看「下廚懶人包」的消費金額在短短 4、
5 年間就翻升數倍，而且成長動能持盛不衰，各大美國流通及新
零售業者為了避免生鮮市場被瓜分，也不甘示弱，紛紛加入戰局，
競相供應「下廚懶人包」商品。例如電商霸主亞馬遜 2017 年 9 月
就已投入戰局，以「我們備料，你當主廚」（We do the prep, you
be the chef）為訴求，銷售各式「下廚懶人包」。

　　美國最大超市 Kroger，動作更快、更早，2017 年 5 月就推出
自有品牌「Prep + Pared」的「下廚懶人包」；並在 2018 年 5 月

併購美國第三大品牌 Home Chef。流通巨人沃爾瑪也在 2018 年 3 月，於 250 家門市引進多種品牌的「下廚懶人包」產品上架販賣。

除了食品通路，「下廚懶人包」的風潮更從通路端向上延燒到食品製造業。食品大廠聯合利華（Unilever）成立新公司以「Sun Basket」品牌，推出「下廚懶人包」商品，進軍食品零售通路。美國雀巢（Nestle USA）則成立「Freshly」品牌。一時之間，「下廚懶人包」市場可以說是戰國天下、百家爭鳴。雖然現在誰會是贏家仍是未知數，但可以確定的是，「下廚懶人包」的整體市場一定會更快速的擴大。

顯然，這種新營運模式已在美國起浪，並且在日本也已經風風火火，未來甚至可能引發一場橫跨生鮮超市、餐飲業，甚至電商的跨界大戰，吸引更多食品相關業者加入競逐，後續的發展值得密切關注。

Blue Apron／美
引爆「自煮革命」的 Meal kits 獨角獸

Blue Apron 是美國第一個創立「下廚懶人包」這種業態的獨角獸，2012 年進入市場，和契作農場合作，以控管生鮮食材的品質。當契作農場把各種生鮮食材送到物流中心之後，

流通新業態

下廚懶人包
Meal kits

Blue Apron
HelloFRESH
Oisix

它先將食材進行清洗、截切，分裝，變成立即可以烹調的料理組合，再搭配名廚設計出的配料包與食譜，組合成可供 2 人或 4 人食用的 DIY 烹飪包，然後宅配到府。

以往，忙碌的消費者如果不想外出用餐，想在家簡易料理一餐，往往只能選擇冷凍食品，或買熟食回家復熱，但 Blue Apron 推出「下廚懶人包」，讓消費者以「週」為單位訂購，只要選擇每週配送次數，再照著食譜做，就可以輕鬆的調理出美味、可口的現煮佳餚（圖 2）。

Blue Apron「下廚懶人包」的出現在美國家庭引爆了「自煮革命」，不過短短兩年，2014 年 Blue Apron 就創下 7,780 萬美元的營收，到了 2016 年更是翻升十倍，成長到 7.95 億美元，成為市場第一品牌。

高速成長的 Blue Apron 主要瞄準都會區的女性上班族，為了拓展新客源和維持既有顧客，投入大量行銷費用在社群網站上，並經常舉辦試吃活動以創造口碑。光是 2016 年的行銷費用就支出 1.44 億美元，佔該年度營收的 18%。

此外，它也不惜投入大量資本，在美國東西岸自建大型物流中心，卻因運作不順暢，導致配送延誤，造成大量客訴。更糟糕的是，在 2016 年 10 月竟然發生食安事件、重創品牌形象。

儘管如此該公司 2017 年 6 月股票公開上市，發行時市值高

圖 2　Meal kits 示意圖

流通新業態

下廚懶人包
Meal kits

Blue Apron
HelloFRESH
Oisix

主菜

副菜

20 分鐘

宅配到府
自己烹煮

已處理好的新鮮食材，並
附上調味料、醬汁、食譜

副菜

主菜

20 分鐘主菜／副菜
熱騰騰上桌

參考資料：Diamond Chain Store，2018.7.15，Meal kits 特輯報導

達 18 億美元，被視為 Meal kits 市場上的第一隻獨角獸，不過上市後股價卻一路下滑，2018 年 8 月，市值僅剩下 3.6 億美元，縮水了 80%。

HelloFRESH ／德
輕資產、重研發的商業模式更具競爭力

與 Blue Apron 幾乎同時起跑的德國 HelloFRESH，商業模式與前者類似，但營運上採取輕資產模式。

HelloFRESH 和 Blue Apron 一樣都需要投入大量行銷成本，以兩家公司的 2017 年年報數字來看，Blue Apron 當年度行銷費用為 1.6 億美元，占營收 8.8 億美元的 18%；HelloFRESH 在美國的行銷費用更高，當年度行銷費用為 2.8 億美元，占營收 10.6 億美元的 26%，但它不是將錢砸在物流中心，而是將大量資源投到 AI 人工智慧及大數據（Big Data）的收集上，精準分析顧客需求，以開發客製化的產品；並提供友善的 App 訂購功能，運用數據推薦消費者購買適合商品。

HelloFRESH 物流配送雖然採取外包策略，但為了達到即時（Just in Time）的配送需求，自行開發了物流管理系統，讓食材配料、庫存、宅配到府的時間差降到最低，以創造最佳效率。為此，光是 2017 年它在軟體開發方面就投入了 390 萬歐元，但也因

此而快速成長，2017 年的營收比前一年增加了 51.6%。

目前 HelloFRESH 已在 10 個國家展開營運，2017 年在法蘭克福股市公開上市時，市值為 17 億歐元，約 19.3 億美元，也和 Blue Apron 上市時的市值相差不遠。但是到了 2018 年 3 月，HelloFRESH 宣布併購美國有機食品「下廚懶人包」業者 GREEN CHEF，取代 Blue Apron 躍居美國「下廚懶人包」市場第一大品牌，至當年度 5 月市值已飆升了 43%。

HelloFRESH 原先估計在 2018 年底達到損益平衡，營業利益可達 12% 至 15%。相較 Blue Apron，HelloFRESH 輕資產、重研發的商業模式似乎更具成長空間，也更被投資人看好。

Oisix ／日
生鮮電商平台轉型，掌握內食市場成長趨勢

日本「下廚懶人包」的標竿企業 Oisix，成立於 2000 年，原本做的是生鮮電商，社長高島宏平出身麥肯錫企管顧問公司。他看到日本內食市場的趨勢，開始為生鮮電商平台增加「下廚懶人包」服務，商業模式和美國 Blue Apron 雷同。Oisix 在 2013 年 3 月上市，並積極展開供應鏈的整合和併購，擴大營收。

以 2008 年 Oisix 年營收還不到 50 億日圓來看，2018 年

流通新業態

下廚懶人包
Meal kits

Blue Apron
HelloFRESH
Oisix

營收成長了八倍，達到 400 億日圓，和增加「下廚懶人包」服務有密切的關係。

當然，Oisix 的成長除了掌握「內食」市場，也與它積極併購、擴大經營規模、創造出供應鏈綜效有關。例如它在 2017 年 10 月併購以生鮮食材、整合供應鏈專長的 Daichi，2018 年 10 月又併入 Radish Boya，強化在食材供應鏈方面的優勢，預估因為這兩起併購案， 2019 年 Oisix 營收可達 600 億日圓。

基本上，日本 Oisix 和 HelloFRESH、Blue Apron 一樣，都採取契作方式控管確保生鮮食材的品質，搭配名廚調理的美味醬料、完整的食譜設計（主／副菜搭配、簡易操作），以完整的配送服務（簡便訂購流程、指定配送）、合理的價格（美國市場雙人套餐約 20 美元，日本雙人套餐約 2,000 日圓），深獲消費者青睞，但日本 Oisix 的商品組合更多元化、訴求機能性，充分滿足不同目標族群在不同情境之下的需求（圖 3）。Oisix 的產品分為幾大類：

1. 以有機蔬菜為主食材的 Meal kits

2. 以一般食品為主的 Meal kits

3. 針對孕婦的產前產後餐

4. 專為瘦身需求開發的 Health kits 瘦身餐

圖 3　Meal kits 市場定位

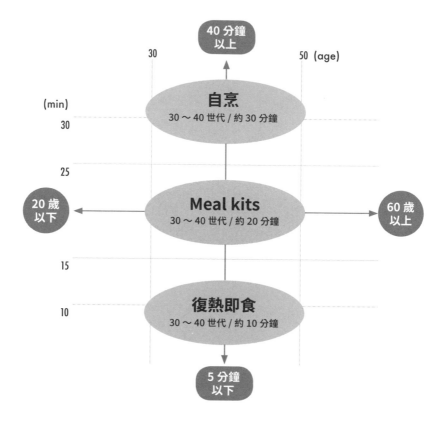

不同年齡層願意花費在備餐上的時間不同，因而對應出不同的餐飲業態。Meal kits 以 30、40 世代為主，在自烹和復熱即食的加工食品中，區隔出了一個新的市場需求。

資料來源：Diamond Chain Store，2018.7.15，Meal kits 特輯報導

不論是哪一種，都有主菜、副菜之分，20 分鐘內就可調理完成、以因應消費者「時短」（時間有限）的需求。而且每一樣食譜都包含 5 種以上的蔬菜，以改善現代人蔬菜攝取不足的困擾。另外還提供如半根蘿蔔、500 公克洋蔥等小規格的商品，對於小家庭或單身族來說，此舉非常實惠。

　　Oisix 在網路上以「會員制」的預購方式經營，每週配送一次。它也針對會員做一對一行銷，每位會員都有自己專屬的商品組合，其中包含的 15 到 20 種商品，會隨著每一個會員的購買履歷而變動，因此每一位會員的訂購專區內的商品組合都不同，每週四主動更新。由於採取會員制預購方式，再配送到家，Oisix 可以計劃性生產。會員訂單確認後，在配送日期前才採收食材，以維持產品的新鮮度。

　　此外，Oisix 的送貨方式也提供多元化的選擇，會員除了可以以宅配、店配的方式取貨，它也和實體通路策略聯盟，在商店上架銷售「下廚懶人包」，甚至和各縣市超市合作，以「移動超市」的菜車方式在偏遠地區巡迴，420 輛菜車服務每年可締造 50 億日圓營收。

　　2019 年起，Oisix 積極拓展海外市場，目前已在中國上海設立公司。預計 2019 年全公司營收目標要超出 600 億日圓，5 年後（2024）要挑戰 1,000 億日圓。

「下廚懶人包」成功要素
菜色簡單、食材新鮮、數據分析

電子商務興起，網路訂購生鮮食材、宅配到府的消費型態逐漸盛行，對傳統的超市業者已經帶來不小的衝擊。現在「下廚懶人包」掀起這一波搶佔餐桌的新浪潮，再次挑戰生鮮超市這個傳統業態的生存空間。由 3 家「下廚懶人包」標竿企業的商業模式分析（表 1）可以看出，其成功的關鍵因素不外以下三點：

一、菜色要簡單、易煮、好吃。

「下廚懶人包」的商品大多是套餐的概念，仍需消費者親自完成最後一個步驟的烹煮，所以開發商品時，要從消費者在家料理的情境思考，除了要有美味的調料，簡易操作的食譜設計，也要有主、副菜的搭配，食材的訂購更須彈性化。

Oisix 供應半根蘿蔔、500 克洋蔥等小規格的生鮮食材、所有菜色都用到 5 種以上的蔬菜，增加顧客的蔬菜攝取量等，就是充分貼近消費者情境的成功商品開發案例。

二、從供應鏈維持食材新鮮度。

食品流通，除了口味、價格，食材的新鮮度與供應鏈的

流通新業態

下廚懶人包
Meal kits

Blue Apron
HelloFRESH
Oisix

表 1　美日 Meal Kits 企業商業模式比較表

	美國		日本
	Blue Apron	**HelloFRESH**	**Oisix**
創立時間	2012	2011	2000
上市時間	2017	2017	2013
使用者	74.6 萬人次	150 萬人次	固定使用會員數 7.1 萬人 已出餐 1,000 萬個
商品組合	2 人份組合 4 人份組合		・依分量組合 ・依機能需求組合， 　如孕婦產前產後調 　理、瘦身增肌 ・小規格食材
價格帶	7.99 ～ 9.99 美元 / 人	8.74 ～ 9.99 美元 / 人	・2 人份單道菜約 　1,000 日圓 ・2~3 人份主副菜 　組合 1,680~2,500 　日圓
備註		創始為德國公司	

資料來源：作者彙整

效率管理更是核心關鍵，也是建立口碑的基石。經營者除了透過契作，慎選高品質的安心食材，處理加工、包裝運送過程中，也都不能忽略生鮮品質的控管，如此才能讓消費者信任，持續回頭購買。

三、善用數據分析維繫舊會員。

基本上，「下廚懶人包」是電子商務，新客源開拓的會員取得成本相當高，也要持續靠口碑宣傳行銷，才能成功留住客源，成為重複消費的穩定會員。以 Oisix 為例，以會員訂閱制度建立穩定的顧客基礎，甚至擁有顧客的生活型態圖像與消費數據，才能針對不同族群或情境，進一步在商品開發與組合上，提供多元選擇，滿足不同顧客的機能性需求。

解決顧客痛點永遠是商業模式創新的來源，「下廚懶人包」的興起歸功省時、便利，降低在家自炊的障礙，解決忙碌上班族的「時短」問題。不過，無論是從傳統超市轉型的「餐飲超市」，或是在生鮮電商、美食外送以外另闢戰場的「下廚懶人包」，其背後的意義是，在全通路時代，即使業態不斷變化創新、更迭汰換，唯有舌尖上的滋味不會被虛擬化（表2）。

因此，電子商務業者和實體通路業者都競相搶佔這一波新興浪潮，例如日本最大的零售集團永旺，就從 2018 年 9 月

流通新業態

下廚懶人包
Meal kits

Blue Apron
HelloFRESH
Oisix

表 2　瞄準「時短」懶商機的生鮮食品新興商業模式

	下廚懶人包 Meal kits	生鮮電商	超市代購 App
銷售方式	以週為單位的訂閱式	電商平台	1. 代客採購生鮮、送到家 2. 與實體超市合作,代理外送
通路性質	電商為主,實體通路策略結盟	電商為主,併購、策略聯盟實體通路	1. 以 App 媒介需求 2. 配送人力為群眾外包
商品特色	1. 省卻採買、備料等勞務 2. 菜單化、小份量立即烹調的菜色組合	生鮮食材宅配到府,省卻採買勞務	提供代買外送服務,省卻採買食材勞務
市場定位	利基市場	大眾市場	消費者及超市
成功關鍵	1. 菜色新品開發力、易烹調 2. 供應鏈鮮度及效率管理 3. 客源取得、維持及數據運用	1. 商品鮮度 2. 物流速度、成本	平台雙邊效應
代表品牌	Blue Apron(美)、HelloFRESH (德、美)、Oisix (日)	amazon Fresh (美)、Morrisons(英)	instacart (美)

資料來源:作者彙整

起，在 300 家門市中販賣自有品牌 CooKit 的「下廚懶人包」，預計到 2019 年 2 月 CooKit 的品項數將增加到 50 項。

台灣「時短」需求迫切
從冷凍食品增加，顯示「下廚懶人包」商機可期

觀察台灣社會，雙薪家庭的比率愈來愈高，再加上人口老化，高齡人口快速增加，「時短」的料理需求也很迫切。東方線上的消費調查更指出，近年台灣消費者回家用餐的比率逐漸上升，購買冷凍食品回家簡易快速烹調的比率明顯增加，顯示「下廚懶人包」潛在商機可期。

生鮮電商平台、社群平台、實體超市、量販店、便利商店等，都有機會切入這個新領域發展，在台灣，我認為便利商店的機會最大。因為過去 20 多年，台灣便利商店為強化鮮食業務，大力投資建立食材管理及低溫供應鏈系統，累積鮮食商品開發能力，並布建出線上、線下兼有的虛實銷售網絡，這些都是發展「下廚懶人包」的有利條件。

目前日本三大便利商店都已經展開「下廚懶人包」的業務，預料在不久的將來，「下廚懶人包」也將成為台灣便利商店中重要的服務項目之一。

以全家為例，目前已與永豐餘生技、天和鮮物等合作，

流通新業態

下廚懶人包
Meal kits

Blue Apron
HelloFRESH
Oisix

提供安全安心的生鮮及加工食品，讓雙薪家庭有更多餐食選擇，未來也會嘗試開發更適合這個族群需求的「下廚懶人包」商品組合。

同時做到差異化，又能聚焦經營、維持
成本的價值創新企業，才能在既快又急
的市場震盪中生存。
價值創新不是兩者擇一（either-or），
而是兩者兼顧（both-and）的思維。

Part IV
差異化聚焦

翻轉活化
以經營力帶動老旅館重生

星野集團
（日）

VS

APA
連鎖飯店
（日）

長期觀察食、衣、住、行、育、樂等生活產業的消長與變化，我發現消費行為愈是成熟的社會，物質性的消費比重逐漸下降，滿足精神需求的體驗性消費支出則愈來愈高，這種現象不但出現在歐美、日本等先進國家，這樣的趨勢也在台灣日益明顯。

　　根據政府主計處調查，家庭平均每戶消費支出已連續 5 年創新高，2017 年首度突破 80 萬元。其中，餐飲旅遊消費占比達 12%，創下歷年新高；觀察餐旅消費長期趨勢，從 1976 年的 2.48%，一路攀升至 2017 年的 12%，每一家庭的平均年消費金額近 10 萬元。

　　近年來政府積極推動觀光產業，飯店等觀光旅遊相關投資暴增，但陸客成長停滯，觀光產業受到重大衝擊。政府為協助業者度過難關，提出旅遊補助等短期振興方案。這種情景，讓我想起日本在九〇年代泡沫經濟破滅、內需不振、人口老化等諸多因素衝擊下，也是靠著觀光立國的政策振興經濟，並為旅館業帶來蓬勃的成長。

　　2009 年的日本，當時鳩山內閣為促進各縣市地區活化、振興民間投資及提升就業率，將觀光產業定位為經濟成長的支柱之一，並以 2019 年外國觀光客達到 2,500 百萬人為目標，成立「觀光立國推動總部」，制定「觀光推動基本法及推動計劃」。該計畫提前於 2017 年達標，日本的外國觀光客超越 2,800 萬人，預估 2020 年將破 4,000 萬；而消費金額在 5 年內也呈三倍成長，2017

圖1 日本旅遊市場規模趨勢變化

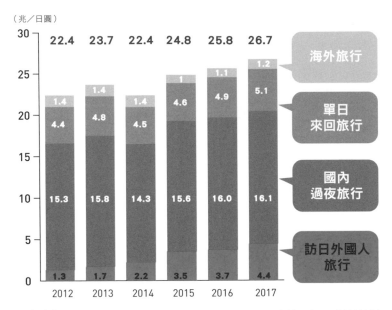

（兆／日圓）

年度	海外旅行	單日來回旅行	國內過夜旅行	訪日外國人旅行	總計
2012	1.4	4.4	15.3	1.3	22.4
2013	1.4	4.8	15.8	1.7	23.7
2014	1.4	4.5	14.3	2.2	22.4
2015	1	4.6	15.6	3.5	24.8
2016	1.1	4.9	16.0	3.7	25.8
2017	1.2	5.1	16.1	4.4	26.7

資料來源：travel watch，https://travel.watch.impress.co.jp/docs/news/1120217.html，
2018.5.7，稻葉隆司

年達 4.4 兆日圓，商務飯店平均住房率高達 75%，大都市地區東京和大阪地區的住房率更逼近 85%（圖1）。

　　日本飯店業欣欣向榮，新飯店不斷增建，其中最受矚目的當數以休閒度假中心為主的星野集團，以及平價商務飯店 APA Hotel 集團。這兩家旅館業者，是兩種截然不同的商業模式，卻都在過去 20 多年快速成長，而且經營版圖仍持續擴張中，成為日本旅館業中耀眼的明星。星野集團也進駐台中谷關，開出全球第二家海外度假村。

圖 2　星野集團成長趨勢表

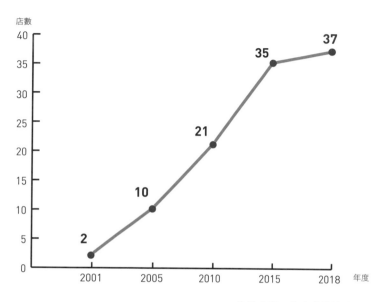

資料來源：作者彙整該公司公開資料

星野集團／日
拋棄溫泉旅館「內將」文化，導入多重職務制度

　　星野度假村在 1991 年現任社長星野佳路接任之前，僅是家族經營的地區型溫泉旅館，位於日本度假勝地輕井澤，具有百年歷史。星野佳路接任第四任社長以後，展開一連串的創新改革，不僅徹底改造了百年老店，也成就星野成為擁有 37 個據點、四大品牌的跨國飯店集團（圖 2）。它的成功可歸納成五大關鍵：

一、扁平化組織再造

　　星野佳路運用在美國康乃爾大學飯店經營研究所習得的管理科學，改變傳統溫泉飯店依賴「內將」（老闆娘）統籌管理的模式。他將組織扁平化，廢除社長室、拿掉職稱頭銜、鼓勵員工開會時暢所欲言、傾聽第一線人員的聲音，激發許多創新的提案，形成新的組織文化，以賦權（Empowerment）吸收許多優秀新人的加入。

二、導入多重職務制

　　飯店有淡旺季之別、一天內也有尖離峰，以往一般飯店的接待、餐飲、館內清理等工作都採「專任制」（Monotasking），繁忙時段人手不足、閒暇時又無事可做。星野佳路導入「多重職務制」（Multitasking），讓所有員工兼任一種以上的職務，不但讓尖離峰人員調配容易，同時能培養出熟悉飯店所有業務的通才，因此在日本經濟泡沫化，許多大型飯店瀕臨倒閉之時，星野溫泉飯店依然逆勢連續 5 年營收、利益雙成長。

三、委託管理型的經營方針

　　1987 年日本頒佈度假村法，鬆綁土地開發限制，引發許多大財團紛紛投入大型度假村開發，但徒有華麗外表，卻因

缺乏經營人才和 Know-how，陸續出現經營危機。星野佳路觀察到此一現象，於 1995 年將公司重新定位為：接受運營委託的專業飯店經營公司，將飯店的所有權與經營權正式分離，展開一連串協助度假村、溫泉旅館的重生再造工作，創造嶄新的商業模式。

四、資產管理公司 REITs 上市

　　從單店經營轉型為大型連鎖飯店集團，星野將飯店經營的三個核心要件：「物件取得」、「建設開發」與「運營管理」拆開，自己專注於運營管理，另外成立星野資產管理公司，負責物件取得和建設開發，並將轄下飯店及附屬設施等資產集中管理。

　　2013 年，星野集團將物件不動產投資信託（REITs）在東京上市，加速物件取得及開發，並以直營及接受委託經營的方式快速展開連鎖化。

五、品牌管理區隔化

　　依客層、市場定位，將直營及接受委託經營的飯店分成四大品牌：頂級度假村虹夕諾雅（7店）、日式溫泉旅館「界」（15店）、親子度假 Risonare（3店）、都市型度假飯店「OMO」（2店），以及其他當天來回設施（15店）。以多品牌策略滿足不同客層、不同的休閒度假體驗需求（表1）。

表 1 星野集團發展里程碑

2017
赴海外開店，第一家海外店位於峇里島

2018
「OMO」（都市觀光飯店）品牌營運開始，現有 2 家據點

2013
星野集團房地產投資信託基金公司於東京證券交易所上市

2011
- 「界」（精品溫泉旅館）品牌營運開始，現有 15 家據點
- 「RISONARE」（時尚度假村）品牌營運開始，現有 3 家據點

2005
- 虹夕諾雅輕井澤營運開始、「虹夕諾雅」（頂級奢華設施）品牌開始拓展
- 「虹夕諾雅」現有 7 家據點，包括 2019 開幕的台中谷關據點

2004
TOMAMU 滑雪度假村營運開始

2003
ALTS 磐梯滑雪度假村營運開始

2001
RISONARE 山梨八岳營運開始

1995
公司名稱改為星野集團有限公司

1991
星野佳路接任第四任社長

1951
成立星野溫泉有限公司

1929
水利發電站開業

1914
星野溫泉旅館開業

1904
開發輕井澤

資料來源：星野集團官方網站

在世界級大型飯店集團包括洲際、威斯汀等紛紛進駐日本後，星野集團深知若要追求長期成長，進入全球市場是必然的趨勢。星野集團以其具日本風格的「款待型服務」作為差異化優勢，於 2017 年在峇里島開出了海外第一家虹夕諾雅度假村，第二家 2019 年在台中谷關開幕。谷關一戰，可說是觀察星野集團未來是否能與安曼、悅榕莊等全球性頂級度假飯店加以較量的重要指標，非常值得觀察。

APA Hotel 集團／日
垂直經營的平價商務旅館，以「住房率 x 客單價」為 KPI

APA Hotel 集團創辦人元谷外志雄原是建商，主要是蓋住宅，1984 年才在金澤市開了第一家 APA Hotel，以平價商務飯店為市場定位。APA 為 Always Pleasant Amenity 的簡稱，企業名稱簡單、容易記憶和複誦，與日本航空（ANA）有異曲同工之妙。

APA 創立初期以創辦人元谷的家鄉──石川縣地區為展店重心，2010 年進入東京市區後開始以驚人的速度展店，到 2018 年 2 月旗下已擁有 440 家飯店、7 萬 4 千間客房。

2017 年 APA Hotel 集團的年營收 1,100 億日圓，稅前利益 350 億，稅前利益率超過 30%。中期目標是在 2020 年客房數超越 10 萬間，成為日本第一。大量購地、密集出店的策略，讓 APA

圖 3　APA 成功關鍵分析

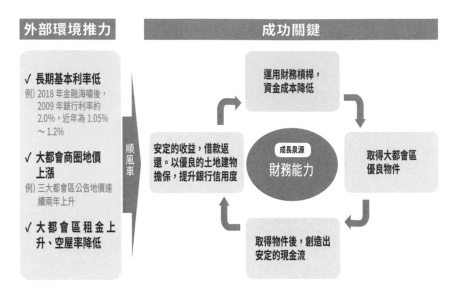

外部環境推力

✓ **長期基本利率低**
例) 2018 年金融海嘯後，2009 年銀行利率約 2.0%，近年為 1.05% ～ 1.2%

✓ **大都會商圈地價上漲**
例) 三大都會區公告地價連續兩年上升

✓ **大都會區租金上升、空屋率降低**

順風車

成功關鍵

運用財務槓桿，資金成本降低

取得大都會區優良物件

成長泉源
財務能力

安定的收益，借款返還。以優良的土地建物擔保，提升銀行信用度

取得物件後，創造出安定的現金流

資料來源：NTT DATA 經營學研究所，川戶溫志，
https://www.keieiken.co.jp/monthly/2016/0104/index.html

在短期內快速擴張，不同於星野所有權與經營權分開的經營模式，APA 的經營策略則是從物件取得、建設開發到運營管理，採取一條龍式的垂直整合。

APA 在泡沫經濟破滅以及金融危機後的低利率環境下大量購地，興建高樓層飯店壓低平均客房成本，並以良好的經營績效創造穩定收益，累積融資信評後，得以再度購入大量物件，形成正向擴張的循環（圖 3）。

針對市場潛力地區，APA 則採「一點突破、全面展開」

的戰略密集出店，加速占有市場，提高品牌知名度。由於鎖定商務客為目標客層，出店地點皆以從車站步行不超過 3 分鐘就能抵達為原則。以新宿地區為例，2015 年開設歌舞伎町 Tower（620 間客房），2018 年開設西新宿 5 丁目 Tower （710 間客房），預計 2020 年春天要再開東新宿歌舞伎町 Tower （643 間客房），光是在這個高潛力的商圈內就開了三家大型飯店！

積極擴張的另一面，它也著力於壓低運營成本。APA 的房間設計較一般商務飯店面積來得小，僅 11 平方米（一般商務飯店為 14 米），但它為維持舒適度而採用 140 公分床寬、40 吋大電視，強調房間小而美、機能完整。浴室部分則採用卵型浴槽，可省水 20%，運用隔熱建材也有助省電。在飯店前台則導入省力化、自動化的 Check in / Check out 機台系統。

此外，APA 的價格策略也很具特色。飯店在淡旺季時的價差很大，APA 完全授權店經理彈性調整，參考航空公司的票價尖離峰，淡季時可低到 8,000 日圓，過年或連續假期時則可能漲到 3 萬日圓，以「住房率 x 客單價」作為飯店營運的 KPI。

APA 也致力經營熟客，會員只要經由官方網站訂房就可獲得紅利，紅利一點抵一日圓，不僅幫會員節省下被訂房網站或旅行社抽成的費用，也替自己培養出忠誠會員和高回流率。目前 APA 會員人數已達到 1,500 萬名，十分可觀。

經營型態比一比

VS　星野／瞄準度假客，所有權與經營權脫鉤
　　　　APA ／瞄準商務客，垂直整合一條龍作業

在主力客層上，星野定位在休閒度假旅館，瞄準度假客。從最早起家的輕井澤溫泉飯店，到近期在東京等市中心開設的旅館新品牌，都鎖定在休閒度假飯店領域。四大品牌，以及旗下直營和接受委託經營的旅館或設施，分別滿足不同市場的顧客，休閒度假的體驗與預算需求。

相對的，APA 鎖定的目標客層是出外差旅的商務客，所以飯店地點都很靠近車站，強調旅館房間就是睡覺的地方，注重睡眠體驗，房內所有的設備操控都是一臂之遙，使用起來相當便利省事，價格上則緊扣平價經濟型消費。

在經營型態上，星野集團是把旗下物件的所有權與經營權脫鉤。公司自 1995 年更名為星野度假村後，便專注在接受運營委託的專業公司，以專業的度假休閒旅館運營能力，拯救或收購因出現經營危機，不得不脫手求售或尋求外援重整的飯店。最佳範例便是 2001 年首次承接位於山梨縣的 RISONARE 小淵澤度假村，該飯店原本負債 147 億日圓，星野佳路接管 3 年後，成功轉虧為盈。有了這個成功經驗，此後星野集團更積極展開度假村、溫泉旅館的重生再造工程，

落實委託經營的發展方針。

　　相對的，APA 則是從土地開發、飯店興建到經營管理，都採取一條龍式的垂直整合方式。其實，這種做法並不容易，風險也較高，但 APA 集團創辦人元谷外志雄出身建築界，原本就擁有豐富的土地開發經驗與資源，他尤其擅長不規則物件、高樓層物件的開發，他大膽在危機時入市，反向操作、大量購地，推動 APA 飛速成長。

　　2000 年日本經濟泡沫化破滅後，以及 2008 年金融危機時，許多不動產業者倒閉，優質物件不斷釋出，元谷外志雄便以低價取得大量飯店用地，興建高樓層飯店，因此客房平均建築成本都遠低於市場同業。

組織文化比一比

 星野／以在地員工的智慧創造飯店特色
APA ／授權第一線主管調控住房率、衝營收

　　人才與組織文化是服務業最大的挑戰，星野佳路積極進行內部組織文化再造，採取一連串新措施，改變日式溫泉飯店的傳統文化，激發許多創新提案，以在地員工的智慧創造飯店特色。

　　例如星野接手北海道富良野附近的 Tomamu 飯店時，冬季

滑雪度假村的生意無虞，但夏天淡季時則乏人問津，改造靈感便來自一位纜車員工的智慧，他提議在山頂上設置咖啡座欣賞夏季雲海，成功的扭轉了淡旺季的來客落差。山梨縣的 RISONARE 小淵澤度假村，從戶外休閒飯店的定位轉型為適合家族旅遊的親子度假村，也是出自當地員工的建議，而這正是日本旅遊市場中消費支出占比最高的一塊大餅。

APA 集團由於快速擴張，人才及人力需求甚殷，它的解決之道是導入自動化的 Check-in 和 Check-out 系統，並授權給飯店第一線主管價格調整權，一方面調控住房率，二來也成功激勵士氣、有效衝刺營收。

不論什麼行業，多角化或集中，永遠是企業發展的首要課題。星野和 APA 這兩家飯店集團都選擇了集中的聚焦策略，星野聚焦在休閒度假，APA 訴求平價商務，兩者都成功勝出，成為市場佼佼者（表 2）。

星野度假村從直營轉型為委託經營，對旗下加盟的旅館提供（Know-how）、輔導營運，這與全家便利商店連鎖加盟體系的基本策略與經營有相近之處。APA 集團則是跨業模仿，以豐田汽車的「便宜、機能性佳、高 CP 值」為學習標竿，自我期許成為日本平價商務飯店的第一。這印證了模仿也可以創新，異業也可以為師。

表 2 星野集團 vs. APA Hotel 集團商業模式比較表

	星野	APA
定位	度假旅店	平價商務飯店
經營型態	經營權與所有權脫鉤 以提供運營 Know-how 委託 經營為主	經營權與所有權合一 從物件取得、建設開發到運 營經營的垂直整合
人力對應	一人多重職務 Multitasking	自動化 Check in/out 系統
組織文化	組織扁平化 採納現場基層人員意見	充分授權店經理 彈性調整房價
擴張戰術	1. 成立資產管理公司取得物件，發行 REITs（不動產投資信託證券化），以取得資本挹注，並加速物件的取得。 2. 以直營或委託方式經營展開連鎖。	1. 低利率環境下大量購地，並以良好經營創造穩定收益，累積融資信評，再度購入大量物件的正向擴張循環。 2. 潛力地區密集出店。

資料來源：作者彙整

單一品項
聚焦經營殺出餐飲業紅海

差異化聚焦

單一品項

壽司郎
鳥貴族

壽司郎
_日

VS

鳥貴族
_日

日本由於通貨緊縮，所得沒有成長，再加上人口老化導致消費力下滑；2008 年後金融危機爆發，企業也大砍交際費用，讓日本外食市場明顯產生質變，這幾年我去日本出差時發現，許多知名餐飲業者紛紛退出市場，平價餐飲順勢崛起。

其中最具代表性的平價連鎖迴轉壽司「壽司郎」（SUSHIRO）及串燒專門店「鳥貴族」（TORIKIZOKU），雖然分屬不同餐飲業態，卻都因為採取單一價格、單一品項的聚焦式經營，明確訴求平價、超值，深受消費大眾的認同，它們聚焦單一品項的經營模式，在極其競爭的餐飲業紅海中，開創出屬於自己的一片藍天。 我相信，這兩大平價餐飲品牌除了食物好吃超值，必定還有其他成功祕訣，所以只要有機會，我都會利用出差之便光顧這兩家店，細細觀摩他們的做法。

壽司郎／日
100 日圓平價壽司，創造單店 1 億年營收

日本壽司市場十分可觀，規模達 1.6 兆日圓，光是迴轉壽司業的營收就有 6,200 多億日圓，其中前四大品牌占有 75% 的市場，相當集中。年營收第一名的壽司郎，至 2019 年 2 月 7 日發表的最新年度計畫，年營業額 1,925 億日圓，和前一年度相比增加了 10.1%，日本國內店數 518 店、海外店 13 店，合計 531 家。

除了以規模取勝，壽司郎的品牌魅力也令競爭者難望項背。日本曾做過「最喜歡的連鎖平價迴轉壽司排名」調查，在台灣人氣頗旺的藏壽司與 HAMA 壽司分別拿下第二名與第三名，奪下冠軍的正是壽司郎。繼 2011 年進軍韓國之後，壽司郎在 2018 年中進軍台灣，第一家旗艦店位於台北車站商圈，一如預期，開幕後立刻掀起一波旋風。

其實，壽司郎的發展過程並非一帆風順。1984 年由清水義雄創辦，自大阪起家，主攻商品是售價 100 日圓（不含稅，都會區餐廳調漲為 120 日圓）的平價壽司。1988 年，清水義雄的弟弟開了一家同名的迴轉壽司店，1999 年雙方合併，2003 年股票在東京證券市場上市。

不過，兄弟合作後經營卻出現狀況，2009 年股票下市。下市期間，外資基金公司大量收購股權，原創辦家族退出經營團隊，由專業經理人接手整頓了 3 年，2011 年成為日本迴轉壽司業界的第一名，2015 年現任社長水留浩一就任，2017 年股票重新上市。

2017 年對於壽司郎而言，十分重要，除了股票重新上市，原來被外資基金公司買走的 33% 股權，被日本國內最大的米批發商神明控股買下，同時，壽司郎宣佈從北海道到沖繩 47 個縣市，日本全國展店佈局完成。

現任社長水留浩一上任後，營收連年成長。自 2015

圖1 壽司郎發展沿革

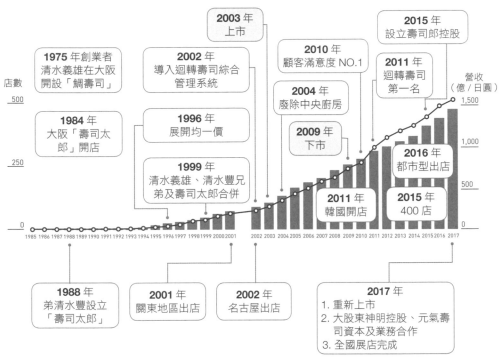

資料來源：壽司郎企業簡介

年 1,362 億日圓，至 2017 年成長到 1,564 億日圓；營業利益成長更多，2015 年不過 68 億日圓，2017 年增為 92 億日圓，營收、獲利和店數都是日本迴轉壽司業的冠軍，市占率也高達24%（圖1）。依其營收、店數推估，壽司郎單店年營收就高達 3 億 3 千萬日圓（相當台幣 1 億元），一天約可賣出 9,000 盤壽司，來客數達千人以上。如此驚人的佳績究竟是如何創造出來的？

迴轉壽司第一品牌的奧祕
高 CP 值、店內調理、大數據收集

　　根據壽司郎官方網站上披露的調查數據顯示，不論是價格、食材、壽司種類，它都是顧客心目中的的第一品牌。之所以能夠贏得消費者的心，歸因於三大關鍵：

一、拉高食材成本，提供高 CP 值的商品

　　壽司郎每盤壽司雖然只賣 100 日圓，但是它的食材成本占比卻達 50%（一般外食業食材成本約占 30%）。要使用優質食材，需要很強的採購和管理能力，為此，壽司郎特別聘用一組水產品採購達人，透過全球採購網，在適當的時間，到世界各地蒐購最新鮮、價格最划算的水產食材，再以低溫物流供應鏈配送到店。

　　為了讓食材維持最佳鮮度，壽司郎自行研發出一套保鮮技巧。如鮭魚捕獲後急速冷凍，運送到工廠再解凍、切塊，其保鮮祕訣是運送到店的過程中，把魚肉浸泡在與海水相同鹽度的水中，魚肉不易變質，還能保持鮮度與口感。

二、堅持店內現場調理，而非中央廚房生產

　　為了讓壽司保有新鮮度，壽司郎廢除過去所採用的中央

廚房，改為單店店內調理。食材處理和壽司製作均在店內完成，顧客在店內隨點隨上。

在送餐部分亦以鮮度為第一優先，雙軌道設計的壽司送餐運輸線，內線軌道不停迴轉，專供迴轉壽司使用；外線軌道則專供現點現做的菜色使用，顧客點餐後，廚房以最快的速度製作好，直接放上外線軌道，送到顧客面前。

三、導入 IT 技術，收集數據

店內的壽司運送軌道也暗藏玄機，盛裝壽司或食物的每個盤子下面都有 IC 晶片，這些晶片具備兩種功能，其一是控制壽司的保鮮期限，當盛裝食物的盤子在軌道上跑到 350 公尺的距離時，盤子便會自動翻落，不夠新鮮的食物就直接進入回收桶，以確保每一盤食物的鮮度。

其二是收集消費情報，讓後場隨時掌握餐點銷售狀況。店長據此可預測接下來 15 分鐘到 1 小時內的顧客需求，提前備料以便調理。所以，即使每份餐點都是現場料理，也不會供應不及。

壽司郎於 2002 年導入這套「迴轉壽司綜合管理系統」，透過壽司盤的 IC 晶片及顧客點菜數據，收集情報分析應用，之後壽司郎的報廢率大幅降低。該公司社長水留浩一對媒體透露，系統導入之前的報廢率是 2.5%，導入後降至 1％。也就是說，100 盤壽司只有 1 盤會被扔掉，這麼低的報廢率在餐飲業可謂奇蹟！

隨著店數增加、規模擴大，如何駕馭每天龐大的顧客行為資訊量、並支援現場快速決策，成為另一個資訊決策和成本管理的課題。因此壽司郎在 2012 年導入亞馬遜的 AWS（amazon Web Service）雲端服務，讓店鋪更能迅速、正確掌握顧客需求，提高服務水準。

　　此外，壽司郎也全力落實 SOP 標準作業流程及系統化管理，以提升運營力。為了讓店內調理的品質穩定和口味一致，把店內調理方式和過程拆解成一套步驟分明的標準化作業流程，透過嚴謹的系統化教育訓練，讓員工可以做出符合要求的調理餐點，甚至連工讀生也可以變成厲害的壽司達人。

　　壽司郎的立地策略，以往採取的是以鄉村包圍城市，在日本全國各地的郊區、住宅區附近插旗開店。之所以如此，一方面它主攻的是家庭客層的日常食消費，郊區餐廳占地大且空間舒適，可以吸引家庭客層光顧，更重要的考量是郊區店租金比較便宜！

　　壽司郎以高達 50% 的食材成本，建立高 CP 值的品牌形象，同時又要能獲利，就必須盡量壓低租金成本，並盡量雇用兼職人員以控制管銷費用。也因為如此，壽司郎過去並沒有積極進入都會區展店。

不過，最近 3 年壽司郎的展店策略有些變化，它開始進入都會區，開展新店型，並因地制宜改變店舖的運營方式。2016 年 9 月在東京池袋開出的都會店型，除自取式迴轉壽司、現點現做菜色以外，也讓顧客利用座位上的觸控面板點餐，並設有外帶自動結帳系統，降低店員勞務。另一方面，都會店的租金、人力等固定費用高，每份壽司未稅價也從 100 日圓調高為 120 日圓，並導入都會區特別餐點。

除了從郊區轉朝都市發展，壽司郎也在 2018 年 5 月於橫濱伊勢丹百貨開設不迴轉的小型店，導入新型握壽司機器人，這種創新模式接下來會積極在海外展店，預計 2028 年店數將從 500 店增為 800 店（圖 2）。

壽司郎所屬的神明控股也將旗下「元氣壽司」的資本及業務與壽司郎整合，兩者若合併成功，年營收共計超過 2,000 億日圓，市占率可能超過 30%。

圖 2　壽司郎展店策略

展店區域		對應店型和定位		目標
郊外	以東日本為主，仍有展店空間	標準店型	每盤百元起跳，以家庭客為主要客層	每年 20~30 店
都心	都會區人口增加，對於低價迴轉壽司的需求大	都會店型	每盤 120 元起跳，就算在高租金都會區，也能吃到便宜、美味的壽司	每年 5~10 店
商場（車站、購物中心）	講究便利、快速，外帶的需求大	商場店型	點菜型、以「貫」計價；非迴轉型壽司	每年 5~10 店

資料來源：壽司郎官方網站，2018.9 決算說明會資料

鳥貴族／日

250 日圓均一價，以「價格破壞」打響名號

　　日本外食市場另一個非常成功的連鎖品牌——串燒專賣店「鳥貴族」，雖然是聚餐型居酒屋，業態及目標消費族群與壽司郎截然不同，但同樣也是採取聚焦單一品項。

　　鳥貴族最特別的是，它只販售以雞肉為主的串燒料理。

展店策略也僅鎖定少數重點地區（關東、關西、東海商圈）密集開店。

因為以上班族聚會場所為主要訴求，鳥貴族的店鋪都開在都市車站旁，但通常選擇在地下室或二樓以上，店內約 40 坪、70 個座位，裝潢簡潔明亮、不花俏，這樣可節省租金，把資源集中在提供美味、超值的串燒上，又可快速打開品牌知名度，提高物流和人力支援調度的效率。

鳥貴族的崛起，創辦人大倉忠司是關鍵人物。他從高中時期就在啤酒屋打工，從此開始對餐飲產生興趣，高中畢業後在餐飲學校念了一年，之後輾轉到五星級義大利餐廳、串燒店工作。由於對串燒情有獨鍾，大倉忠司在 1985 年開了第一家店，1986 年正式成立鳥貴族。

創業之初，大倉忠司就受到日本流通業名人、大榮超市創辦人中內功的啟發，決定以物超所值的「價格破壞」策略打響名號，將店內餐點價格調整為均一價，每盤 250 日圓。直到 1989 年因應消費稅，價格才調整至未稅價 280 日圓。

鳥貴族的產品聚焦、單純化，瞄準年輕人為目標客群，把客單價壓低為約 2,000 日圓，與一般居酒屋以中高齡上班族為主、一餐平均花費 3,000 到 3,500 日圓的消費市場形成明顯區隔。

鳥貴族物超所值的「價格破壞」策略，深受年輕族群的喜愛，

營收、獲利逐年揚升，但 2017 年起純利開始下降，主要是因為材料費、人事費、水電費等固定成本增加，不得不把堅持 20 年的 280 日圓均一價，調漲為 298 日圓。雖然只調漲售價的 6%，但調價當月的營收，較前一年下降了 3.8%，所幸之後調價衝擊趨緩，年輕人對於鳥貴族提供均一價、高品質的餐點和聚會空間，還是十分買單，目前在日本排隊 30 分鐘就能入座，算是很幸運的。

鳥貴族的成功關鍵，和壽司郎有異曲同工之妙。在商品力方面，一是鳥貴族的食材成本同樣高達五成，十分講究食材的品質，並且強調使用的雞肉，百分之百是日本國產的。

二是同樣採單一價格，鳥貴族串燒每盤 298 日圓，強調高 CP 值，分量特別大，平均都有 60 公克，超過一般燒烤店平均的 50 克。招牌料理貴族燒，一盤兩串、一串 90g，更較一般燒烤店的串燒多出近一倍分量，價格卻不到 300 日圓（約 100 元台幣），如此超值的美食，難怪讓年輕人趨之若鶩。

三是現場調理、現點現做。鳥貴族也沒有中央廚房，商品都是現場串製、調醬料、燒烤。大倉忠司認為串燒的口感要好就是要現做，中央廚房事先串好食材，固然可以節省人力，但是肉品會老化，到店再燒烤，口感便差了。因此，鳥貴族寧可多花 3% 到 5% 的人事費，並自行研發遠紅外線電烤爐，製作店內 SOP 調理程序，以維持串燒品質的一致性。

圖 3　鳥貴族發展沿革

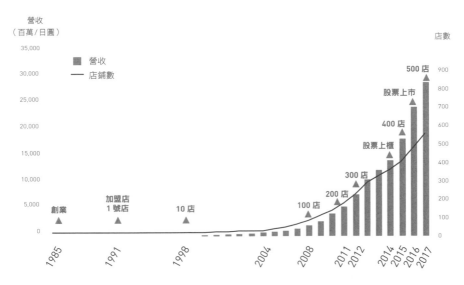

資料來源：鳥貴族 2017 年 9 月決算報告說明資料

　　另外，鳥貴族近年特別重視國外觀光客的消費，店內使用多語言平板點餐。它強調商品組合，雖然都是雞肉產品，菜單上卻有超過 60 種的選項，也有酒水和少數副食。除了強調商品價值，店內的規劃設計也充分考慮到年輕人對於獨立聚會空間的需求。

　　在展店策略上，鳥貴族推展加盟的方式與眾不同，非常強調志同道合。到 2017 年 7 月為止，鳥貴族共有 567 店，其中 342 家直營，225 家是所謂的 TCC 加盟店（Tori Chain Comrade，簡稱 TCC）（圖 3）。

表 1　壽司郎 vs. 鳥貴族商業模式比較表

	相異	
	壽司郎	鳥貴族
定位	日常食	聚餐型
出店	郊區為主	城市為主
TA	家庭客	年輕男女
	相同	
CP 值高	食材成本率五成 現做調理	食材成本率五成 現做調理
單一價格	100 日圓	298 日圓
單一業態	迴轉壽司	雞肉串燒
系統化程度高	1. 迴轉壽司綜合管理系統 2. 平板點餐 3.App 預約系統	多語言平板點餐

資料來源：作者彙整

　　TCC 指的是鳥貴族同志聯盟，和一般連鎖業的加盟系統不太一樣。大倉忠司非常重視加盟者與總部的理念是否一致，只有認同這個品牌和商業模式理念的人，才可能取得鳥貴族的加盟權，變成他的事業夥伴，因此一開始，他先開放自己的員工及鳥貴族的友人加盟。加盟條件相當優惠，只需 50 萬日圓加盟金，加上 5 萬日圓權利金，食材則統一由總部供應，

以維持店鋪的品牌形象和一致的品質。

　　因此，平均一位加盟主擁有 10 家店，甚至也有一人就開了 70 家店。到 2018 年為止，鳥貴族的店數已增至 600 家，中期營運計畫是預計每年要淨增加 100 家店，在 2021 年達到 1,000 店，長期目標要到 2,000 家店，成為日本店數最多的單一食材、單一價格燒烤居酒屋。

選擇與集中
將經營資源聚焦在單一領域，累積難以模仿的核心競爭力

　　選擇與集中（Selection and Concentration）的策略是將經營資源（人、財、物、情報）聚焦在單一領域，累積特有的經營 Know-how，也累積難以模仿的核心競爭力。壽司郎、鳥貴族相較於其他日本外食業者，具有壓倒性的優勢，且不畏景氣變化，究其關鍵正是聚焦單一品項的策略成功（表 1）。

　　相對的，多角化策略，活用企業所有經營資源進入新市場，發展出多條成長曲線，綜合居酒屋連鎖餐廳「和民」、家庭餐廳「加州風洋食館」（Skylark）、樂雅樂（Royal Host）等便屬此類，這幾家餐飲集團都在日本經濟高成長期快速成長，但在泡沫經濟破滅後，這種特色較不明確的綜合型餐飲連鎖店受到重大衝擊，經營績效下滑。

不過，聚焦單一品項，是將資源集中在單一領域，並非全無風險。例如過去美國牛肉發生狂牛病，依賴進口美國牛肉的牛丼專門店就受到重大打擊。因此，如何分散風險是聚焦單一品項的重要課題。

若對小坪數的便利商店來說，因空間有限，商品選擇更為重要。究竟商品組合應該追求廣度、多品項，還是少品項、深度經營？

以非食品為例，消費者到便利商店購買襪子、衣物，往往是臨時需要、以便利性為主要考量，這方面就宜採聚焦單一品項的策略，商品組合不用太多樣化。反之，食品是便利商店的核心，尤其是鮮食類商品，不但需要廣度、多品項，深度也很重要，盡可能要讓消費者有選擇性。

對於全家投資經營的餐飲事業「大戶屋」而言，壽司郎和鳥貴族這兩個品牌也是很好的示範。

多數日本連鎖品牌來台展店，通常擴點到十來家左右就會出現瓶頸，原因多為人員培訓太慢、食材供應鏈太短、無法快速熟悉商圈等，導致單店的成功無法標準化並複製，成本居高不下，原本來台發展逾 7 年的大戶屋也是如此。

大戶屋主打不設中央廚房，甚至連小菜中的醃蘿蔔，各店都得由切蘿蔔開始從頭料理，複製難度高，成長也遇到瓶頸。

直到2012年全家入主之後，我們維持以「定食」為經營焦點，強調食材的品質，在食材採購方面，除了透過日本大戶屋聯合採購，國內食材也和信功、天和等優質廠商合作，全力塑造「以好食材為核心」的定食品牌。在人員訓練上，我們依然維持不做中央廚房，但堅守「日常食」的定位，將核心客群定位重視健康的女性及熟齡顧客，這批人重視食材勝過花樣，對嘗鮮較無強烈需求，正好取得平衡。

　　同時透過系統化的店內烹調設備及嚴謹的教育訓練，讓工讀生也可以調理出美味的日本定食。從經營成果來看，大戶屋這個堅持是正確的。

有特色更出色
變則通的日本藥妝店

松本清 [日]

VS

科摩思
COSMOS [日]

差異化聚焦

有特色更出色

松本清
科摩思

以往，企業在開創市場時，會在「差異化」或「低成本」這兩個策略擇一，因為一旦選擇差異化就必然提高成本。但是，隨著經濟成長趨弱，消費力道疲軟，唯有同時做到差異化，又能聚焦經營、維持成本的價值創新企業，才能在既快又急的市場震盪中生存。價值創新不是兩者擇一（either-or），而是兩者兼顧（both-and）的思維，在日本藥妝市場，已有找出價值創新方程式而逆勢成長的企業。

回顧日本 GDP（國內生產總值）成長兩位數的年代，薪資水準調幅很高，就和現在的中國大陸一樣，沒幾年薪水就調漲一倍。在經濟成長的情況下，大家比較敢花錢，通常百貨公司、大型量販店（GMS）業績很好，但在通縮、不敢花錢的年代，就像日本從 1990 年代泡沫經濟破滅後，陷入經濟成長停滯「失落的 20 年」，零售通路業態此消彼長。

曾經風光的百貨業整體營收幾乎腰斬，便利商店及藥妝店卻在此期間逆勢成長。其中藥妝業的表現更令人刮目相看，從 2000 年到 2015 年，市場規模由 2 兆日圓擴大到 6.1 兆日圓，成長了三倍，整體市場規模已與百貨業不相上下（圖 1）！

到底日本藥妝業有多夯？根據調查，觀光客在日本最愛買的 3 種東西，分別是眼藥水、護唇膏、軟糖。這背後的意義，顯示藥妝店已取代精品名店，成為觀光客的採購熱點，也難怪日本的藥妝店愈開愈多。

圖1　日本藥妝店逆勢成長，市場規模近百貨公司

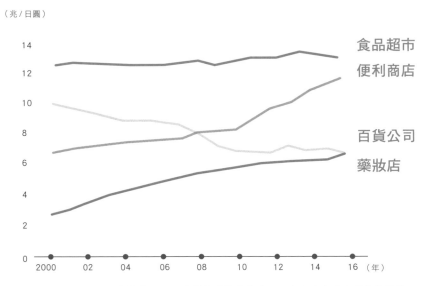

（兆／日圓）

食品超市
便利商店

百貨公司
藥妝店

2000　02　04　06　08　10　12　14　16　（年）

資料來源：日本藥妝連鎖店協會；日本經濟省「商業動態統計」

　　根據統計，2015 年全日本經營藥妝的企業多達 447 家，連鎖藥妝店有 17,500 多家。不過，這個行業不像便利商店業屬於寡占市場（前三大品牌就占了八成市場），而是屬於市場占比分散的情況。前 21 大藥妝品牌整體加起來才達到八成市佔率，產業集中度還很低，前 10 大品牌的市占率也不過65%，顯示日本藥妝業還處於春秋戰國、群雄割劇的激戰局面（圖 2）。

　　以營收來看，welcia 暫居第一，主要是由於 2014 年永

圖 2　日本大型藥妝店業績一覽 (2018 會計年度)

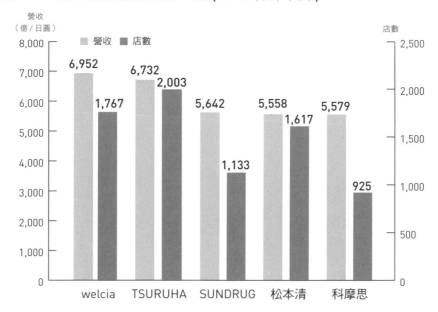

資料來源：日本激流月刊，2019.1，P.74

旺集團以公開收購方式（TOB）取其過半股權，2015 年起 welcia 積極併購數家藥妝連鎖店，一舉從 2015 年的市場老二，至 2017 年變成營收第一名至今。

　　由於不甘落後，2015 年排名第三的 TSURUHA 也開始以併購方式擴張，營收在 2018 年一舉推上第二名。經過這幾年的合縱連橫，原本在 2015 年之前連續 22 年位居龍頭的松本清，營收滑落至第四名。可預期的是，藥妝店產業集中度低，彼此差距不遠，未來仍有一番大整合。

尤其先前雄據藥妝龍頭 22 年的松本清，雖因同業合併導致營收排名退居第四，但就「品牌知名度」、「顧客滿意度」及「業態創新」仍居領先地位。另外，排名第五的科摩思（COSMOS），則以完全差異化的商業模式異軍突起，從九州福岡起步，連續 26 年營收成長，已是九州之霸。兩家公司獨特的經營模式值得探究。

松本清／日
HBC 強化戰略，創下波段成長動能

　　千葉縣起家的松本清創立於 1932 年，1999 年股票上市。2018 年店數共 1,617 家，年營收達 5,588 億日圓。即使如今退居第四大，依然充滿成長與創新動能。

　　為了鞏固領導品牌的地位，松本清不以併購的方式快速成長，而是以 Counseling（諮詢型）的新商業模式為其未來的成長戰略，多管齊下開發波段成長動能，希望 2020 年達到 8,000 億日圓、股東權益報酬率一成以上的成長目標。

　　為達成目標，松本清以健康、美麗、調養（Health、Beauty、Care，簡稱 HBC）三大訴求為定位，進行新店型的測試，目前已開出 10 家店。HBC 新店型中，設有「三師」駐店供消費者諮詢，包含藥劑師、美容師、營養師，分別為

顧客的處方用藥、生活保健、美麗健康提供支援。

在照顧顧客的美麗（Beauty）層面，像是設於東京銀座的BeautyU店，甚至依據該商圈特性，提供10分鐘化妝、修甲服務，滿足忙碌OL下班後的社交需求。

在照顧顧客的健康（Health）層面，松本清看到高齡者對處方箋用藥的需求日增，近來積極採取「擴大調劑事業」的重點戰略。透過整合地方藥局、供貨，培訓藥劑師，提供送藥到宅的服務等。為了挹注更大的成長動能，松本清除以提供諮詢服務切入、鎖定健康、美麗、調養三大區塊以外，其發展的核心策略還包括：

1. 都會型展店：

開在車站附近的高人流商圈，並掛上醒目的大招牌，藉立地促成品牌高知名度。

2. 鎖定 OL 的商品組合：

化妝品和藥品的構成比達七成，食品僅佔一成。

3. 自有品牌創造區隔化：

以高品質、高 CP 值為訴求，開發美髮、美白、保健品等不同產品線的自有品牌，其中名為「matsukiyo LAB」的維他命錠

劑型產品，每種維他命皆有不同的代表色，以綜合維他命為例，只要在包裝上辨明各顏色的色塊大小，即可知道每種維他命的成分多寡，有助解決消費者的選擇障礙。

4. 觀光客商機對應：

為了搶攻一年 3,000 萬人、4.4 兆日圓消費力的外國觀光客市場，松本清很早就設立免稅櫃檯和服務，免稅收入占比為年營業額的一成之多。近來，松本清更祭出既存店（開幕滿一年以上的店鋪）附近再出店的戰略，其中一家的商品組合及服務專為觀光客設計，另一家則專為本地客，企圖在同一個商圈滿足不同族群的需求，以爭取更多市場。

科摩思 COSMOS ／日
最不像藥妝的藥妝店，讓主婦一站購足

從福岡起家的科摩思，則是長期深耕九州市場的地區性「非典型藥妝業」。2003 年時店數才破百家，近年積極往關東、關西地區進行全國性的擴張展店。由於顧客滿意度高，科摩思連續 26 年營收成長，截至 2018 年共計有 925 店，年營收高達 5,579 億日圓，規模已是日本藥妝界的第五大，而且連續 8 年蟬聯 JCSI 日本顧客滿意度大賞的藥妝店冠軍。

其策略包括：

1. 小商圈大型店：

在住宅郊區密集開店，店型規格有 2,000 平方米（600 多坪，比一般超市還大）和 1,000 平方米（300 多坪）兩種，只要有 1 萬人的商圈規模就開一家店，搶先佔有、壟斷市場，阻隔競爭者。

2. EDLP 策略 (Every day Low Price)：

不做促銷、特賣，無紅利而且只能現金交易，但實施天天最低價，完全顛覆藥妝店的促銷法則。

3. 食品高構成比的商品組合：

科摩思雖為藥妝店，但藥品構成比僅 15%、化妝品僅 10%，食品構成比卻高達 56%，而且沒有生鮮。它以低價格、低毛利的食品群吸引高購買頻率的顧客，帶動高毛利的化妝品、藥品銷售，可以說是非常獨特的折扣型藥妝店。

4. 講究效率，減少營運成本：

非 24 小時營業，充分利用夜晚配送貨品，以收不堵車、物流配送效率高的益處；公司早在 2005 年即展開自動訂購系統，

並引進人力排班系統（Labor Scheduling Program），有效管理排班人力和人事費，因此營業費用率遠低於一般藥妝店平均 20%，僅為 15%。

總的來說，科摩思鎖定節省型顧客──家庭主婦為主要客層，超市、量販、地區型小型折扣店才是主要假想敵，而非一般的藥妝店。因此在商品面上，科摩思以食品為主，在價格上追求最低價，雖然沒有促銷，但是 SQC 包括服務（Service）、品質（Quality）、清潔（Cleanness）做得很到位，深得顧客人心，所以才能壓倒性的在郊區展店，並以此成為日本藥妝業中一方之霸。

松本清和科摩思雖同樣被歸類為藥妝店，但深究其經營模式，便可看出業態本質上的異同。前者是傳統藥妝店，門市主力商品是化妝品和藥品，營收構成比高達七成，食品僅佔一成（圖 3 & 圖 4）。門市面積數百坪的科摩思，則瞄準主力客層家庭主婦的需求，形成別樹一格的超市型藥妝店；其藥品的銷售業績在營收的占比僅為 15%，化妝品占 10%，食品（無生鮮）構成比卻高達 56%，超過五成，可以說是「最不像藥妝業的藥妝店」。

圖 3 科摩思以高占比的食品，構成獨特定位

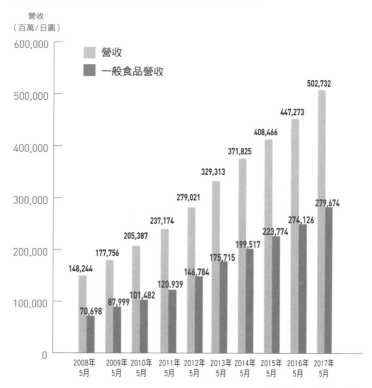

營收
（百萬／日圓）

□ 營收
■ 一般食品營收

年度	營收	一般食品營收
2008年5月	148,244	70,698
2009年5月	177,756	87,999
2010年5月	205,387	101,482
2011年5月	237,174	120,939
2012年5月	279,021	146,784
2013年5月	329,313	175,715
2014年5月	371,825	199,517
2015年5月	408,466	223,774
2016年5月	447,273	274,126
2017年5月	502,732	279,674

資料來源：科摩思官網

圖 4 松本清以高占比的化粧品為獲利關鍵

單位	企業名	營收	化妝品比率
1	welcia	6,952 億日圓	10%
2	TSURUHA	6,732 億日圓	10%
3	SUNDRUG	5,642 億日圓	30%
4	**松本清**	**5,588 億日圓**	**40%**
5	科摩思	5,579 億日圓	10%

資料來源：東洋經濟，2019.3.23

核心策略比一比

VS 相異／松本清「諮詢型」vs. 科摩思「量販折扣型」
相同／加強處方箋業務、藥師培育、發展電子商務

　　由於松本清和科摩思鎖定的目標族群、核心策略，乃至於展店方向完全不同，也讓這兩個藥妝通路的商品組合差異很大。以大都會商圈為主的松本清，鎖定的是都會女性上班族及觀光客，並因應日本社會日趨高齡化的趨勢，以 HBC 新店型強化諮詢、體驗的功能，全力拉攏女性上班族和熟年族群，蓄積下一波的成長動能（表 1）。

　　化妝品、保養品原本就是松本清的強項，銷售占比高達 40%，遙遙領先其他競爭者。這與它的自有品牌商品經營十分成功有關，松本清以其店數規模優勢及高品牌知名度，推出多款自有品牌產品強化 HBC 的商品組合，其中包括美髮、美白、保健系列等。由於這些產品都以高品質、高 CP 值為訴求，不但滿足了不同客層的需求，也成功的和競爭者區隔，創造出差異化的優勢。

　　科摩思的展店策略是瞄準萬人商圈，店型定位為小商圈的大型藥妝店，強調的是食品、日用品及藥妝一站購足式的綜合性賣場，並以量販折扣訴求「每日最低價」，吸引精打細算的家庭主婦。因此，科摩思的主要競爭者不是藥妝同

差異化聚焦

有特色更出色

松本清
科摩思

表 1　松本清 vs. 科摩思商業模式比較表

相異		
	松本清	**科摩思**
TA	女性上班族	家庭主婦
定位	諮詢型 （提供顧客健康美麗、 生活保健諮詢）	徹底量販折扣型 （以每日最低價吸引顧客）
商品主力	化妝品、藥品	食品、日用品
未來策略	1. 自有品牌強化 2. 新店型測試	從九州，往關西關東 進行全國性出店
相同		
成長策略	加強處方箋業務、培育藥師	

資料來源：日本激流月刊，2019.1，P.74

業，而是超市、量販及地方上的小型折扣店。所以它以食品支撐來客基礎，價格力拚最低價；在營運管理上徹底執行高效率、精簡成本，甚至不做促銷，以省下變價、促銷佈置物的勞務，使得進貨作業可以更標準化。賣場內則以低貨架，寬敞走道、優越的SQC，博得顧客好感，單店營收幾乎是同業的兩倍。

對於藥妝店未來的發展方向，松本清和科摩思倒是英雄所見略同。兩大連鎖藥妝通路看到日本社會日趨老齡化，65 歲以上的人口占比近三成；其中 75 歲以上更占高齡人口的一半，這群人口

對於處方箋用藥的需求日增，因此均積極展開處方箋用藥市場的布局，這也和日本藥局通路的生態有關。

目前在日本只有約 1 萬 7 家藥妝店，但可以販售處方箋用藥的藥局卻高達 5 萬 8 千家，年營收有 7.9 兆日圓之多。但是，很多個人藥局的經營者年齡偏高，且單店競爭力弱，成為大型連鎖藥妝積極整合的主要對象。

松本清採取雙管齊下的地方藥局整合策略，一方面以供貨、代為培訓藥劑師等不同方式，從 2016 年底開始協助小型個人藥局，並提供送藥到宅的服務；另一方面，則透過多樣化的自有品牌商品和經營技術支援，在鄉村地區陸續吸收不少個人或小型藥局加盟，建構綿密的通路網。

科摩思則是積極走出九州，在日本全國各地展店，並在賣場中增設處方箋藥局，企圖發展為全國性的藥妝連鎖品牌，並且加速培育合格的藥品販賣人員（編按：日本面臨專業藥劑師人力供應有限的課題，相關法令逐漸放寬，除專業藥劑師可以在藥妝通路販賣處方箋用藥之外，在賣場有兩年販賣經驗的門市人員，通過認證可成為合格的「登錄販賣者」）。除了對處方箋用藥積極擴展，電子商務 O2O 的經營也是松本清的新重心。松本清長期下來累積了 4,800 萬個會員，正計畫透過 CRM 顧客關係管理系統，加強網購業務。

高齡化的台灣社會
藥妝市場需求和發展看好

　　台灣和日本一樣面臨日益高齡化的趨勢，藥妝市場需求逐年成長，看好這個商機，三商集團與日本住友株式會社合作，引進日本的 Tomod's 藥妝連鎖來台開店，如今店數已有 50 餘家。松本清也與台隆集團合作，於 2018 年 10 月「登台」。

　　日本藥妝業除了在藥妝產品上有強勁的競爭力，食品類商品方面也不弱，反觀目前台灣既有的連鎖藥局，食品類商品很少，未來是否會跟進日本同業的做法，推動產業的質變，值得觀察。但我可以確定的是，台灣便利商店業將會因此面臨更嚴苛的跨界競爭挑戰。日本的情況正是如此，由於藥妝業態不斷創新、擴大食品構成比重，客源移轉消費，對便利商店業構成很大的壓力。因此，日本 7-ELEVEn 近幾年積極在郊區商圈，發展強化藥妝型的店鋪，減少原本雜誌架的陳列台數，把空間騰出陳列針對女性消費者的化妝品和清潔用品，並擴大冷凍商品品項和乙類成藥。

　　面對跨業競爭，另一種做法是與異業結合，日本全家便利商店就和多家藥局合作，開出藥妝與便利店融合為一體的門市，台灣「全家」與大樹藥局合作的複合店也是如此。跨業態競爭已是無可避免的趨勢，所謂「唯變則通」，任何業態或商業模式，只有勇於變化，找出價值創新的方程式，才不致在新世代裡沒落。

垂直／水平分工
用 ZARA 模式做家具

差異化聚焦

垂直／水平分工

宜得利
宜家家居

宜得利
NITORI
日

VS

宜家家居
IKEA
瑞

服飾業龍頭 ZARA 掀起叱吒全球的快時尚風潮，從此 SPA 模式就被快時尚產業視為經營聖經。這種生產到銷售一站式管理的製造業模式，最早是 1986 年由美國休閒服飾 GAP 所定義，SPA 模式正式名稱是「Specialty Store Retailer of Private Label Apparel」，直譯意為「擁有自有品牌的特色化服飾專賣店」，也有人稱之為「製造型零售業」。

　　在快時尚產業，除了 GAP、ZARA 以 SPA 模式大獲成功之外，UNIQLO 也在 1997 年轉為以 SPA 模式經營。此模式的最大優勢是縮短價值鏈。傳統上，從採購原料到將製品或服務送到消費者手中，中間會透過批發商、中間商向工廠下訂單，再透過代理店銷售。

　　製造型零售業則是跳過一連串環環相扣的批發商、貿易商，在自己的工廠，生產自己設計的東西，然後直接拿到自家店面販售。品牌不須透過中間的批發商或貿易商斡旋，和消費者之間也沒有隔閡，所以可以提高營利。在家具界，運用 SPA 模式最成功的製造型零售業，就是瑞典家具龍頭宜家家居（IKEA）與日本家具龍頭宜得利（NITORI）。

　　過去 20 多年，日本家具市場歷經經濟泡沫化、房地產疲軟、人口結構老化、結婚率下降等諸多因素衝擊，市場規模萎縮近半，從 6 兆日圓滑落到 3.3 兆日圓。在這種情況下，日本家飾品連鎖店宜得利卻依然逆勢繳出一張漂亮的成績單，創下連續 31 年營收

和利益雙成長的紀錄。

由於營運表現優異，過去 5 年該公司股價由 4,000 多日圓成長了五倍，上漲到 16,800 日圓，堪稱是日本上市公司的績優股，市值達 1.9 兆日圓，在日本流通業名列第四，和名列第三的永旺集團相當接近。

瑞典家具零售商龍頭宜家家居，也是一個歷久不衰的傳奇。1951 年宜家家居還只是瑞典一家家具郵購公司，到了 2017 年已經成為一個橫跨 29 個國家、擁有 355 店、營收 363 億歐元的家具業龍頭。

這兩家企業一東一西，產品定位和風格亦截然不同，但有趣的是，它們都以 SPA 模式經營成為家具業界的標竿企業。

宜得利 NITORI ／日
掀起日本家具業的製造革命

宜得利前身是 1967 年在北海道札幌成立的一家家具雜貨店，創辦人似鳥昭雄從小不愛讀書，成績總是吊車尾。但是他志向遠大，一心想做一番大事業，他在《宜得利淬鍊 50 年的原則》一書中將成功原因歸納為：夢想、願景、企圖心、堅持、好奇心。這些人格特質充分反映在似鳥昭雄的創業過程中，也因此造就了今天的宜得利。

事實上，似鳥昭雄初期經營的家具店虧損連連，直到 1972 年他跟隨考察團到美國參觀家具業後才找對方向，當時他驚訝的發現美國家具店都是大型連鎖化經營，由製造商直接供貨給通路，所以家具價格非常便宜，只有日本的三分之一，而且色彩協調統一，又有整體設計感。

相反的，日本人的居住空間小，最需要色系統合，但傳統家具店多半是個人經營，必須透過批發商進貨，商品規格不一，沒有系統設計，更重要的是，經過中間商的層層剝削，使得商品價格居高不下。

似鳥昭雄回國後，決心改變傳統的經營方式，效法美國同業，自己開發、設計、生產、銷售，並設立一號店，展開日本家具業的製造革命。當時，他許下 30 年後開 100 家店，營業額達到 1,000 億日圓的遠大志向，結果真的在 2004 年實現了這個目標。此後，宜得利快速而穩定的成長，並進軍海外市場，目前在全球已有 523 家店（圖 1）。

規模擴大的同時，宜得利也保持卓越的經營績效。2018 年營收達 5,720 億日圓，而且連續 31 年營收、獲利雙成長。從營業利益率觀察，宜得利的營業利益率為 16.3%，約 948 億日圓，在 SPA 商業模式中名列第一，排名第二的良品計畫（MUJI 無印良品）營業利益率則為 11.5%。

圖 1　宜得利連續 31 年營收、獲利成長

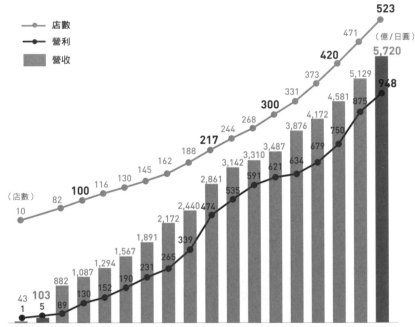

	1988 年 2 月		2018 年 2 月
店數	16 店	33 倍	523 店
營收	103 億日圓	56 倍	5,720 億日圓
營利	5 億日圓	190 倍	948 億日圓
營利率	5.2%	+11.4	16.6%

資料來源：NITORI HD. 2018 年統合報告書 p4.，https://www.nitorihd.co.jp/pdf/annual2018.pdf

差異化聚焦

垂直／水平分工

宜得利
宜家家居

宜家家居 IKEA ／瑞典
創立平整化包裝標準的 DIY 家具

2018 年初過世的宜家家居創辦人英格瓦 · 坎普拉（Ingvar Kamprad），也是一位家喻戶曉的傳奇人物。他從小就有生意頭腦，5 歲就開始賣火柴給鄰居，7 歲騎腳踏車兜售鉛筆賺錢，17 歲時拿到第一筆獎學金，就用來投資開店，做起型錄販賣。

1960 年他開出第一家宜家家居實體店，開幕當天店外上千人排隊購買，但因為銷售的是組合型家具，產品體積大，顧客結帳後難以攜帶，配送司機也不易搬運，坎普拉開始思考販賣組裝型家具。這個轉折促使宜家家居後來以平整化包裝（IKEA Flat pack）為核心概念，專門供應平價、機能性、具設計感的 DIY 家具，以落實坎普拉「讓更多人每天都過得很舒適」的經營理念。

由於瑞典市場不大，宜家家居很早就積極進軍國際市場，到 2017 年為止，宜家家居已進入 29 個國家開店，店數共 355 家，營收 363 億歐元。宜家家居大獲成功，為坎普拉帶來可觀的財富，他曾在 2005 年到 2010 年入圍世界十大富豪，儘管家財萬貫，他卻十分節儉，出差都坐經濟艙，平時也是開國產汽車，一輛車可以用了 20 多年而不更換。

坎普拉的價值觀與人生哲學，對於宜家家居的組織和文化影響甚鉅，每位員工都把他的經營理念奉為圭臬，也造就了今天宜

家家居在平價家具品牌市場無可取代的龍頭地位。

商業模式比一比

VS 宜得利 NITORI ／以垂直整合展開的 SPA 模式
宜家家居 IKEA ／以水平整合展開的 SPA 模式

宜得利的 SPA 模式是一條龍式的垂直整合策略。這種策略可以帶來高利潤，但也具有高風險。為了把風險降到最低，宜得利以六個階段的流程循環運作，並在每個階段嚴格落實專業到位的精神，以創造最佳效益，這也是它的營業利益率能遙遙領先其他 SPA 家具企業的原因。

宜得利的六階段循環流程及工作重點依序為：

1. **商品企劃**：發現顧客需求、了解顧客生活型態。

2. **商品開發**：除了開發組合好的成型家具單品，也讓產品色系與其他家具統合協調。

3. **選擇及確認材料**：宜得利的家具走實用、平價路線，訴求高 CP 值，不論是在日本或國外取得材料，品質要好，價格也要有競爭力。

4. **製造**：在海外設立工廠，全程自行製造，連家具中的螺絲、布料等相關配件全都自設工廠生產製作。

5. **物流規劃**：宜得利的物流體系分為大物流和小物流，全都自建自營。由於工廠都在海外，生產後透過大物流系統集中到倉庫後，再由自行設立的貿易進口公司，配送進口到日本及其他市場。日本國內的物流中心，則為小物流，專門負責將海外運回的產品配送到各個門市銷售。

6. **銷售**：依大店型、小店型、城市或郊區店的需求，調整商品結構。

從上述循環流程即可看出，宜得利是由商品開發、生產製造、物流到販售垂直整合，全都一手包辦掌握。不但如此，每個環節都力求徹底、專業，也因為這樣，它對消費者的需求和市場變化得保持高度敏感（圖2）。

有別於宜得利垂直整合的 SPA 商業模式，宜家家居則是屬於水平展開。它的經營核心主要在行銷、品牌和設計；產品在瑞典設計、開發，但在開發中國家生產，最後由顧客自己組裝（DIY）。雖然宜家家居也是一家製造型零售業，但本身不擁有生產工廠，因為瑞典的物價、人事費高，在國內設立工廠成本高，

圖 2　宜得利 NITORI 商業模式

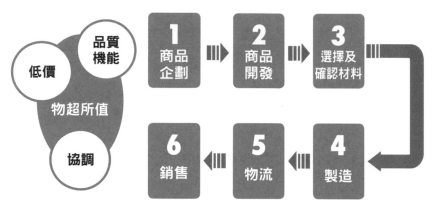

資料來源：NITORI HD. 2018 年統合報告 P.8，https://www.nitorihd.co.jp/pdf/annual2018.pdf

沒有競爭力，因此它把經營資源聚焦在企劃、研發、行銷，而將設計和生產機能委外。

宜家家居的強項在於透過資訊情報管理 IT 技術，收集全球各地店鋪傳回的顧客情報，研究和開發新商品，總部 3,000 人中過半是商品開發人員，外包的設計師再依照開發人員所設定的成本、外觀、機能及風格，進行設計並試做，最後才發包給合作的工廠量產。因此宜家家居的家具就像蘋果手機一樣，零組件在不同的國家生產，再集中到最適合的地區組裝。

除了重視美觀、實用和成本外，宜家家居在開發商品時，「平整包裝設計、DIY、生活提案」是三個必要考量的面向。

其中，平整包裝設計（IKEA flat-pack）可說是由利害關係人——物流公司、製造商和顧客，共同節省成本齊力達成的三贏模式，所以宜家家居的商品訂價可以很便宜，客人也買到便宜、品質不錯，又具設計感的家具。

「平整包裝」不僅是開發和設計重點，也是生產管理流程上的關鍵，這個做法使得宜家家居大幅減低倉儲空間及貨運成本，也降低運送途中商品毀損的風險，並形成鼓勵顧客自行搬運及組裝家具的訴求主張。

核心優勢比一比

VS 宜得利 NITORI ／直營生產和物流，全部一手掌握
宜家家居 IKEA ／跨國市場的商品開發和行銷能力

在核心優勢上，宜得利投資經營自有工廠，70% 以上的產品是在海外自有工廠製造，而且從設計、生產管理到物流，全都由自己一手掌握。宜得利自己直營的生產製造系統，目前在中國、泰國、馬來西亞、印尼、印度等 7 個國家，設有 15 間工廠。其中，越南和印尼的兩座工廠最為重要，都是以海外子公司的方式經營，由總部派專人常駐當地，負責生產事宜。

物流更是宜得利的一大強項，為追求最佳效益，並考量到貿易關稅、船運費用等成本，宜得利全球佈局，自行投資海外物流

圖3　宜家家居 IKEA 商業模式圖

資料來源：作者彙整

圖4　宜家家居 IKEA 和一般家具策略比較

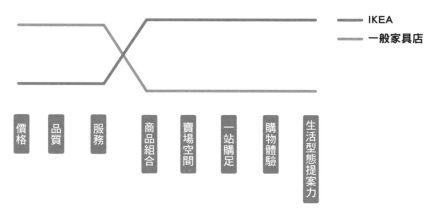

資料來源：日本兵庫縣教育大學論文，南光日，
http://www.u-hyogo.ac.jp/mba/pdf/SBR/5-4/099.pdf

中心及進出口公司，充分運用區域的貿易優惠政策。例如，宜得利直營工廠生產出來的家具，並不是直接配送到終端市場，而是全部送到位於中國上海和廣東惠州的庫存中心，全球各地的物流中心向上海、惠州的庫存中心訂貨之後，再送到各地區門市。

採取這種垂直整合的一條龍模式，除了是為控制成本，也為了從中獲取高利潤，但高利潤必然伴隨高風險，所以每一個環節都不能出錯。宜得利除了自行培養企劃、設計、原料採購、生產、行銷、物流等各領域人才，也積極向外挖角，請來許多特定領域的專業人才。例如它從本田汽車（HONDA）挖角品保專家，為生產品質把關。2016 年創辦人似鳥昭雄到北歐參觀 Auto Store 自動化倉儲中心後，便成立一家子公司，導入類似系統，運用 AI 系統控制倉儲，並從便利商店產業找來供應鏈管理專家坐鎮，負責提升日本國內的物流業務，結果效益提高了 5 倍。

而宜家家居的設計、生產相關事宜，皆委由協力工廠負責，並與其製造商建立長期的合作關係，以確保品質穩定，其在市場維持不墜的核心優勢，就是設置在總部內的商品開發和行銷能力（圖 3 & 圖 4）。

目前宜家家居在全球 29 個國家，共有 355 家店，每一個市場的國民所得水準高低落差很大，文化與生活習慣、偏好都不一樣，如何掌握當地市場的變化，適當因應調整商品結構？就是宜家家居成為家具業龍頭的關鍵。舉例來說，宜家家居曾經在 1974

年進入日本市場，1986 年鎩羽而歸。失敗原因就是因為未對當地的生活型態進行調查，提供相對應的商品。

舉例來說，如日本人重視臥室，而非客廳，和歐洲完全不同。一開始宜家家居並未因應當地的消費喜好而改變商品結構，結果當然不受青睞。直到 2006 年宜家家居二度叩關日本市場，現在已拓展 10 家店，經營得非常成功，每一家店平均將近一萬坪，品項超過一萬個，每店年營收高達 100 億日幣，10 家店約創造 1,000 億日幣營收，預計 2020 年在日本開設第 14 家店。

日本媒體分析宜家家居重返日本市場成功的原因，第一是它從材料、設計、生產等徹底控制成本，平實的價格自然受到消費者青睞。第二是它在日本進行徹底的生活型態調查，從商品的設計、開發進行調整。第三是它將店面設計遊樂園化，創造時間消費型的店舖，讓消費者可能在宜家家居門市裡消磨一整天也不膩（表 1）。

表 1　宜得利 vs. 宜家家居商業模式比較表

	宜得利 NITORI	宜家家居 IKEA
設計	總部設計	以 Flat-pack 概念為始點，展開設計
設計師	社內員工	外包為主
設計師權利	屬於公司	買斷設計，屬於公司
生產	垂直整合	水平展開
生產國	印尼、越南、中國等 7 個國家	世界各國（目前主要在中國、東歐）
銷售方式	購買後宅配送回家	付錢後自己帶回家組裝
組裝	販售完成品	DIY 為主
EC 販售	有	無 *
物流	中國、上海庫存中心配送到日本	16 個國家、31 個物流中心

＊　目前部分小型店正測試線上銷售搭配實體店鋪販售。

資料來源：井村直惠，2011.10，Glodal strategy and competitiveness in NITORI and IKEA。
Kyoto Management Review。

成長動能比一比

VS 宜得利 NITORI ／ 3N 策略
宜家家居 IKEA ／勇於創新

　　過去 5 年，宜得利不但積極進軍海外市場，面對環境和生活型態的轉變，它也跳脫以往的框架，調整商品結構組合和業務範圍。例如因應近年來日本社會人口結構和生活型態轉變，宜得利就把目標族群由原本的家庭客層，擴大至年輕單身族，商品開發策略也跟著調整，從原本以實用性平價家具為主，擴增到流行時尚家飾。目前它的家具產品銷售占比為 47%，家飾用品則占 53%。

　　在展店策略上，經過穩紮穩打的第一階段，以 30 年時間才跨過 100 家店的門檻；以鄉村包圍城市、加速展店的第二個階段，只花了 6 年就開出第二個百店。到了往全球市場擴張的第三個時期，正好碰到 2008 年金融危機爆發，似鳥昭雄看準此時店租便宜，加速展店踩油門，僅 3 年就再開出 100 家店。到了 2013 年，宜得利店數已達 300 家，2017 年全球店數更突破 500 家，創下 5,500 億日圓的年營收。

　　面對未來，宜得利的成長動能來源為新店型（New format）、新地區（New area）、新事業（New business）的 3N 策略，其具體做法為：

差異化聚焦

垂直／水平分工

宜得利
宜家家居

1. 新店型開發（New format）

連鎖通路要持續成長，不能只靠店數增加，店型也必須不斷創新，與時俱進，所以，因應商圈和客層不同，它的店型愈來愈多元化。過去宜得利以郊區為主，店鋪面積約上千坪；現在，策略上以市區店、百坪左右的賣場為主。

例如，東京銀座向來是高級精品服飾集中的商圈，很少有家具店出現。一直以家庭客層為主力的宜得利日前卻在銀座的UNIQLO樓上開店，以其測試單身貴族對其店型和商品組合的接受度，希望未來可以擴大消費族群，開拓新市場。

另外，旗下新通路品牌DECO HOME，主打生活提案型家飾店；另一種小型店NITORI EXPRESS，則以O2O虛實整合，彌補小型店機能不足之處，店內展示的家具可透過訂購系統預定，由於背後有強大的自建物流基礎建設可以支援，還提供配送到家的服務。

2. 新地區開發（New area）

有鑑於日本國內家具市場持續下滑，個別企業要成長不易，宜得利看好海外市場還有很大的發展空間，已先後進入中國和台灣開店，中國市場更是重點，預計2022年將開出200家店；全公司目標為1,000家店。

3. 新事業開發 (New business)

宜得利在電商和虛實整合方面相當積極，除了在 B2C 領域擴大消費族群，它也看好企業用戶的市場，全力拓展 B2B 顧客，與裝潢業聯手爭取辦公室、餐廳的裝潢業務。

宜得利社長似鳥昭雄一方面貫徹上述 3N 成長策略，也信心滿滿的對外宣布未來的成長目標，2022 年全公司店數要達到 1,000 家，營收 1 兆日圓；2032 年要進一步達到全球 3,000 家店、營收 3 兆日圓的長期目標，等於是在營收上挑戰宜家家居的龍頭寶座。

當然宜家家居也不是省油的燈，創辦人坎普拉雖然逝世，但他的經營理念早已深入全公司，宜家家居把所有員工稱為「夥伴」，並鼓勵每一位員工勇於創新、不斷挑戰自我。例如最近就運用了 AR 技術輔助顧客做房間配置；也對應在地永續農業風潮，鼓勵地產地銷的精神，2016 年設計出一種階梯式球體植栽亭——Grow room，它並將設計圖放在網上供民眾免費下載使用。這些商業應用就是根植於宜家家居鼓勵創新的企業文化，也是引領它面對未來的成長動能。

面對千禧世代成為消費市場主流，以及使用但不擁有的價值觀，帶動分享經濟的興起，宜家家居的新成長策略也在

回應這些課題。

　　長期以來，宜家家居以大型店、透過實景起居空間的生活型態提案，多達一萬多項的商品，提供顧客豐富的選擇及購物體驗；而平整式包裝、DIY 組合則確保了親民的價格。然而，因應千禧世代以都會區為主、不喜開車的生活型態，宜家家居的經營模式也有所變革，開始在東京新宿、紐約曼哈頓、倫敦等大都市推出小型店，賣場面積只有標準店的十分之一。正因小型店面積受限，賣場內也提供網路購物，讓顧客在店內下單；顧客不開車，DIY模式也必須跟著調整為服務式，把商品組裝完成後送貨到家。

　　此外，宜家家居也宣布推出家具租賃服務，一方面因應分享經濟的興起，另一方面滿足幼兒家庭中，兒童家具得隨著孩子的成長階段不同而頻頻變更的需求。

垂直整合 vs. 水平展開
企業不一定只能採取一種策略

　　宜得利和宜家家居都是家具業成功的標竿企業。兩者都架構了成功的製造型零售業（SPA）商業模式，不斷的開發新商品。除家具之外，家飾品的開發也著墨甚多。本來家具業銷售的是耐久消費財，進入家飾品之後又多了可經常更換的消費品，顛覆傳統家具業的經營方式，把家具經營變成像是快時尚一樣的商業模

式，讓其他家具業者難以超越。

在流通業，許多通路包括便利商店，也都是運用 SPA 模式開發自有商品，那麼到底是像宜得利一樣，垂直整合一把抓？還是像宜家家居一樣，抓大放小、水平展開？到底哪一種策略比較好？

答案是不一定。選擇垂直整合的話，就要像宜得利每個環節力求專業到位；若是選擇水平展開，就要像宜家家居確保核心能力發揮效益。通常，企業也不一定只能採取一種策略，例如以全家自有品牌 FamilyMart Collection「鮮萃茶」，就是類似宜家家居的水平展開模式運作，由全家先提出商品開發的想法，再尋找優質的茶葉來源和製造廠商委外製作。

至於全家自己投資興建的「福比麵包廠」，則類似宜得利的垂直整合模式，從商品研發到原物料、包材取得，以及製程管理等，皆由自己掌握，並委請日本合作麵包大廠，提供 Know-how 技術指導，培育專業人才，最近推出的新商品頗受消費者好評。

結　語

◆

　　在線上線下疆界已然消失的全通路時代，有便利商店業者說，最害怕的不是同業，而是食品占比越來越高的藥妝店；也有餐飲業者說，最害怕的不是同業，而是賣起高單價咖啡、現做餐點的複合式便利商店。

　　經歷零售流通業 30 年的變化，我要說，最害怕的不是同業、不是跨業，而是眼界不夠開闊、心胸不夠寬大的自己。正因為跨界競爭會是常態，即使行業不同，只要善用自己的資源與優勢，一樣可以把別人的成功經驗轉化運用，站在下一波的浪尖上，找到你自己的成長動能。

　　從事流通產業 30 餘年，過去我從不同業態的標竿企業成功模式的研究中得到許多啟發。科技的快速發展，生活型態的改變，讓市場的變動更快，唯有不斷的創新改變才能永續經營。但是創新不一定要從零開始，例如豐田汽車最著名的即時管理系統（Just in Time，簡稱 JIT）與看板管理系統（Kanban），都是從美國超市的供應鏈中得到的啟發。

台灣連鎖加盟協會的宗旨為「同行不是冤家、異業可以為師」。這本書從節約型消費、O型全通路、流通新業態、差異化聚焦，四個不同經營策略的角度，選出各業態的標竿企業，比較分析其商業模式之異同，拋磚引玉，期盼能對同行異業、學者專家、青年學子等的深度學習有所助益。

O 型全通路時代 26 個獲利模式

作者	潘進丁／口述　王家英／整理
商周集團榮譽發行人	金惟純
商周集團執行長	王文靜
視覺顧問	陳栩椿
商業周刊出版部	
總編輯	余幸娟
責任編輯	方沛晶
封面設計	FE DESIGN葉馥儀
內頁排版	薛美惠
校對	渣渣
出版發行	城邦文化事業股份有限公司-商業周刊
地址	104台北市中山區民生東路二段141號4樓
傳真服務	（02）2503-6989
劃撥帳號	50003033
戶名	英屬蓋曼群島商家庭傳媒股份有限公司城邦分公司
網站	www.businessweekly.com.tw
香港發行所	城邦（香港）出版集團有限公司
	香港灣仔駱克道193號東超商業中心1樓
	電　話：(852)25086231　傳　真：(852)25789337
	E-mail：hkcite@biznetvigator.com
製版印刷	中原造像股份有限公司
總經銷	聯合發行股份有限公司　電話：（02）2917-8022
初版1刷	2019年04月
定價	380元

國家圖書館出版品預行編目(CIP)資料

O型全通路時代26個獲利模式 / 潘進丁口述；
王家英整理. -- 初版. -- 臺北市：城邦商業周刊,
2019.04
　　面；　公分
ISBN 978-986-7778-63-5（平裝）
1.行銷管理 2.行銷通路 3.個案研究
496　　　　　　　　　　　　　　　108005084

金商道

The positive thinker sees the invisible, feels the intangible,
and achieves the impossible.

惟正向思考者，能察於未見，感於無形，達於人所不能。 ── 佚名